适度规模畜禽养殖场高效生产技术丛书

适度规模肉鸡场高效生产技术

黄银云　陈　明　主编

中国农业科学技术出版社

图书在版编目（CIP）数据

适度规模肉鸡场高效生产技术／黄银云，陈明主编．—北京：中国农业科学技术出版社，2015.1

（适度规模畜禽养殖场高效生产技术丛书）

ISBN 978-7-5116-1826-9

Ⅰ.①适… Ⅱ.①黄…②陈… Ⅲ.①肉用鸡-饲养管理 Ⅳ.①S831.4

中国版本图书馆 CIP 数据核字（2014）第 229304 号

责任编辑　胡晓蕾　闫庆健
责任校对　贾晓红

出 版 者　中国农业科学技术出版社
　　　　　北京市中关村南大街 12 号　邮编：100081
电　　话　(010)82109705(编辑室)　(010)82109703(发行部)
　　　　　(010)82109709(读者服务部)
传　　真　(010)82106625
网　　址　http://www.castp.cn
经 销 者　各地新华书店
印 刷 者　北京富泰印刷有限责任公司
开　　本　889mm×1194mm　1/32
印　　张　8.75　彩插　6 面
字　　数　211 千字
版　　次　2015 年 1 月第 1 版　2015 年 1 月第 1 次印刷
定　　价　29.80 元

《适度规模肉鸡场高效生产技术》

编委会

主　　编　黄银云　陈　明
副 主 编　吴　双　徐婷婷　张　尧　田亚军
编写人员　（以姓氏笔画为序）
田亚军（江苏省泰州市高港区胡庄镇畜牧兽医站）
朱止南（江苏省泰州市高港区动物卫生监督所）
许余良（江苏省泰兴市畜牧兽医推广中心）
吴　双（江苏农牧科技职业学院）
张　尧（江苏农牧科技职业学院）
陈　明（江苏农牧科技职业学院）
徐亚亚（江苏农牧科技职业学院）
徐婷婷（江苏农牧科技职业学院）
黄银云（江苏农牧科技职业学院）
主　　审　潘　琦（江苏农牧科技职业学院）
周建强（江苏农牧科技职业学院）

内容提要

本书是依据现代肉鸡养殖生产技术研究进展，结合编者专业教学及在指导肉鸡生产实践中积累的经验编写而成。全书系统介绍了适度规模肉鸡场的建设与经营模式、品种、种鸡和商品肉仔鸡的饲养管理、日粮配制、常见疾病防治基础知识、肉鸡场的环境控制等内容。

本书力求反映现代肉鸡养殖生产的新知识、新技术、新方法，内容丰富，重点突出，实用性强，通俗易懂，易于操作，既可为从事肉鸡生产一线的技术和管理人员使用，又可作为职业院校畜牧兽医专业师生的参考资料。

前　　言

培养新型职业农民，加快新农村建设，促进农村经济繁荣，抓住农村土地流转机遇，发展规模化种养殖业是传统农业向优质、高产、高效、安全、生态的现代农业转变的重要途径。

近年来，我国肉鸡产业发展迅速，涌现了一批以大中型龙头企业为核心建设的肉鸡养殖专业合作社、规模化肉鸡养殖小区、适度规模家庭肉鸡养殖场、肉鸡养殖专业户，在为畜牧业增产增收中发挥了重要作用。肉鸡养殖业达到安全、低耗、优质、高效、高产目标的关键是掌握肉鸡养殖、管理、防疫的适用、实用技术和科学方法，这也是广大肉鸡养殖者的迫切需要。

为适应我国现代肉鸡养殖业发展的新形势，满足肉鸡养殖生产者的需要，编者在查阅文献资料总结教学与生产实践经验的基础上，组织编写成此书。

本书系统介绍了适度规模肉鸡场的建设与经营模式、肉鸡品种、种鸡和商品肉鸡的饲养管理、肉鸡日粮配制、肉鸡常见疾病防治基础知识、肉鸡场的环境控制与管理等内容。在本书编写的过程中，注重内容的科学性、系统性，力求反映现代肉鸡养殖生产的新知识、新技术、新方法，内容丰富，重点突出，实用性强，通俗易懂，易于操作，既可为从事肉鸡生产一线的技术和管理人员使用，又可作为职业院校畜牧兽医、养禽与禽病防治等专业师生的参考资料。

全书共7章，其中第一、第二章由张尧编写，第三、第四、第五章由陈明、田亚军编写，第六章由黄银云、吴双编写，第七章由黄银云、徐婷婷编写，附录由朱止南、许余良、徐亚亚编写。全书由黄银云、陈明统稿，江苏农牧科技职业学院潘琦教授、周建强教授审稿。

在本书编写过程中，得到了江苏农牧科技职业学院、江苏省泰州市高港区动物卫生监督所有关领导的关心和支持，在此表示感谢。同时感谢本书参考文献的编著者，对他们为养鸡业的辛苦付出致敬。

由于编写时间仓促和编者水平有限，书中缺点、错漏之处在所难免，恳请广大同仁和读者不吝指正，敬表谢忱。

编者

2014年8月

目　　录

第一章

适度规模肉鸡场的建设与经营模式

自20世纪80年代中期以来，我国出现了肉鸡工厂化生产，肉鸡业逐步转向集约化、规模化。近十余年，我国规模化肉鸡养殖有了较快发展，在肉鸡生产规模化提高的同时，产业化进程也加速推进，而肉鸡产业化的快速发展和不断完善也进一步加快了肉鸡规模化的发展步伐。

第一节　适度规模肉鸡场规模的确定

规模化肉鸡养殖可以更有效地利用现代化的养殖设施和设备，但规模太小影响养殖和经营效益；规模太大对于供雏、防疫、管理、出栏等都会造成很多不便和风险，对免疫和管理来讲也有很大的难度和不确定性。规模设计在很大程度上受土地、资金、种苗、屠宰等资源和条件的严格限制。因此，肉鸡养殖应该注重适度规模。

一、肉鸡养殖量的测算

目前，我国肉鸡场可分为祖代场、父母代场和商品代场3种。适度规模肉鸡场多为生产商品肉鸡。以商品肉鸡场为例，首先要根据市场需要量，确定计划每年上市的肉鸡数，再根据肉鸡数计算出需要饲养父母代种母鸡和种公鸡数。就目前生产水平而言，肉鸡一般在45～50日龄出栏，然后利用7～10天对鸡舍进行彻底清扫、冲洗、消毒和空置，接着开始生产第2批仔鸡。所以，肉鸡舍的利用周期为52～60天，每年可以养5～6批肉鸡。如果每年计划上市10 000只肉鸡，在鸡舍中只要有1 667～2 000个鸡位就够了。此外，1只父母代母鸡1年约可提供150只雏鸡。因此，每年所需的10 000只雏鸡，需要由67只母鸡来供应。而这67只母鸡，在自然交配条件下，需要7只公鸡来配套。这样，就形成了公：母：仔=7：67：10 000的数量关系，因此鸡场规模可按上述数量关系来确定各环节养殖数量。

二、肉鸡养殖的成本分布

肉鸡生产的总成本由生产成本和土地成本构成，其中生产成本占总成本的90%以上，包括饲料费用、鸡雏费用和人工费用，是肉鸡养殖的主要费用。统计显示，按每50千克肉鸡所分担的费用计算，肉鸡大规模饲养的总成本在3种饲养方式中最高，其次是中等规模，小规模饲养方式的总成本在3种饲养方式中为最低。在规模饲养肉鸡的所有支出中，精饲料费用比重最高（约72%），其次是雏鸡费用（约15%）和人工成本（约6%），医疗防疫费的比重最低（约4%）。比较而言，中规模户的饲料成本及精饲料量消耗最低，死亡损失费最高；小规模户的人工成本、用工数量最高，精饲料量消耗最高，水电煤费用最低；大规模户的雏鸡费用、水电煤费用最高。小规模肉鸡饲养户医疗费用的绝对量水平低于中规模户和大规模户，但增长速度却远快于二者。2004—2011年间，全国肉鸡生产总成本总体呈增长趋势，年均增长7.0%。我国肉鸡养殖成本的变动特点主要取决于精饲料费用。

三、肉鸡养殖规模的确定

据《中国畜牧业年鉴》资料，2011年，全国年出栏肉鸡2 000只以上的规模养殖场有52.1万个。其中，年出栏肉鸡2 000～9 999只的小规模养鸡场占规模场总数的64.44%，其年出栏肉鸡量占规模场出栏总量的16.8%；年出栏肉鸡10 000～49 999只的中规模养鸡场占规模场总数的30.59%，年出栏肉鸡量占规模场出栏总量的32.74%；年出栏肉鸡5万只以上的大规模养鸡场占规模场总数的3.70%，年出栏肉鸡量占规模场出栏总量的12.01%。由此可见，中大型规模的肉鸡饲养已成为我国肉鸡规模饲养的主要模式。但鸡场规模的大小受到资金、技术、市场需求、市场价格以及环境的影响，不同饲养场（户）确定饲养规模要充分考虑这些影响因素，根据自己的经济实力和主观愿望，确定肉鸡养殖的发展规模。

第二节　适度规模肉鸡场建设

适度规模肉鸡场建设要以“生产高效、资源节约、质量安全、环境友好”为基本目标，在满足建场基本要求的前提下，根据鸡场发展需要，结合肉鸡场布局与建设，使用地和布局结构科学合理，实现商品肉鸡饲养的良性循环，保证养殖场的根本收益。

一、肉鸡场场址的选择

选择场址时，应结合当地的自然条件和社会条件，根据鸡场的经营方式、规模、生产特点（种鸡场或商品场）等基本特点，从鸡场的位置、占地面积、地形地势、土质、水源以及气候特点等方面进行全面的考虑。

1. 场址要求

鸡场场址应选择有利于隔离，地势高燥，开阔平坦，排水方便、水质良好，远离人口密集的村镇、交通主干线、其他动物尤其是其他禽类养殖场、屠宰加工厂、农贸市场、孵化场等疫病传染源来源场所。与其他禽类养殖场的距离一般不少于150～300米，大型鸡场之间的间隔不少于1 500米。鸡场与一二级公路及铁路之间的距离不少于300～500米，距三级公路不少于150～200米，距四级公路不少于50～100米。最好具有天然的隔离条件（如山丘、树林、河流等)，确保水源不被病原微生物及有害化学物质污染。同时，鸡场场址的选择应遵守社会公共卫生准则，其污物、污水等不应成为周围社会环境的污染源。

2. 占地面积

建场土地的面积要根据所养鸡的种类、饲养管理方式、规模、鸡舍建筑类型和排列方位、场地具体情况等因素确定，一般养殖规模越大，占地面积相对越少。此外，根据养鸡场今后的发展规划，应留有适当的余地。

我国政府规定的畜牧场用地标准是：1万只家禽占地面积为4万～4.67万米^2（4～4.67米^2/只）；2万只为7万～8万米^2（3.5～4米^2/只）；3万只为10万～12万米^2（3.33～4米^2/只）。该占地面积包括全部禽场建筑物所用土地面积。拟建养鸡场的性质和规模可按表1－1的推荐值估算。

表 1－1　肉鸡场所需场地面积推荐值

规模	所需面积（米²/只）	备注
年上市 100 万只肉鸡	0.4～0.5	本场养种鸡，肉鸡笼养，按存栏 20 万只肉鸡计
年上市 100 万只肉鸡	0.7～0.8	本场不养种鸡，肉鸡平养，按存栏 20 万只肉鸡计

如存栏 20 万只，平养肉鸡场占地面积需 14 万～16 万米²（0.7～0.8 米²/只），按建筑系数 30% 计算，则鸡场各种房屋的总建筑面积为 4.2 万～4.8 万米²（0.21～0.24 米²/只）。另外，采用 3 层或 4 层阶梯笼养工艺以提高鸡舍利用率，一些养鸡场采用 2 层及 2 层以上鸡舍，采用纵向通风工艺以缩小鸡舍间距等，都可以有效地节约土地。

3．地形地势

场地应选地势高燥、平坦、易于排水排污、通风向阳之处。地面要平坦，坡度以 1°～3°为宜，最大不得超过 25°。平原地区选址应稍高于四周，地下水位应在 0.5 米以下。靠近河流湖泊的地区应选较高处，其地下水位应在 1～2 米。山区宜选择向阳缓坡，场区坡度在 25°以下，建筑区坡度在 2°以下。要向阳避风，特别要避开西北方向的山口和长形谷地。地形要开阔整齐，场地不要过于狭长或边角太多。

4．地质、土壤

肉鸡场场地的地质、土壤情况对鸡只有很大的影响。应避开断层、滑坡、塌陷和地下泥沼地段，要求土质透气透水性强、毛细管作用弱、吸湿性和导热性小、质地均匀、抗压性强，以沙壤土类最为理想。如果选不到沙壤土质，则需要在鸡舍的设计、施工、使用和其他日常管理上，设法弥补当地土壤的缺陷。

5. 水源

鸡场正常生产必须有水量充足、水质良好、取用方便的水源作为保证。水源要能满足场内的生产、生活用水。养鸡场工作人员生活用水一般按每人每天 24 ~ 40 升计算，用于鸡舍清扫冲洗、饮用、刷洗笼具饲槽、冲洗粪便等的生产用水一般按 1 升/(天 · 只)计算，夏季用水量比冬季增加 30% ~ 50%。如果采用乳头饮水器供水工艺可节约用水一半以上。用水须符合饮用水标准，水质难达到规定的标准的必须经过净化消毒达到《生活饮用水质标准》后才能使用。

6. 气候

场区所在地应有详细的气象资料，如平均气温、最高及最低气温、土壤冻结深度、降雨量、降雪深度、主导风向、风频率、风力最大值、冰雹及雷击等灾害性气候现象，日照情况等，以便开展设计和组织生产时参考。

7. 交通

要求交通便利，能保证货物的正常运输，但应远离交通主干线，距一般公路也应在 50 米以上。

二、肉鸡场布局

合理的建筑布局能防止疾病的传入和扩散，节省土地面积，节约建场投资，方便管理。

1. 合理分区

肉鸡场应由生产区、生活管理区、隔离区三大部分组成。各种房舍的布局，不仅要考虑人员工作和生活场所的环境保护，尽量减少饲料粉尘、粪便气味和其他废弃物的影响，更要考虑防疫卫生。肉鸡场应将生活管理、生产及病死鸡和污物处理等 3 个功能区严格分开。

2. 生产区要求

生产区应作为肉鸡场的核心部分，它必须处在有利于与其他各区联系的位置上，同时应处在防疫卫生方面的最安全地段，因而其最佳位置是与生活管理区平行，如将生产区摆设在生活管理区的下风和下水方向，则必须加大间距。并应防止生活管理区的污水、污物自然流向生产区。生产区内各生产部门（鸡舍或分区）所处位置的优劣顺序依次为饲料→雏鸡→育成鸡→成鸡→兽医室和病鸡隔离室。

3. 设施分布要求

在确定每栋房舍设施的位置时，应主要考虑它们彼此之间的功能关系，即建立最佳的生产联系和卫生防疫要求，将相互有关的、联系密切的建筑物和设施相互靠近，做到既有利于生产的联系又有利于卫生防疫。为有利于减轻劳动强度，便于实现生产过程机械化，建筑物之间的功能联系尽量做到紧凑地配置，以保证最短的运输、供电、供水线路。饲料库、饲料加工调制间等，应尽量靠近或集中在一个或几个建筑内，并应靠近消耗饲料最多的鸡舍。此外，对于饲料库和贮粪场等，与每栋鸡舍都发生联系，其位置应考虑到净道和污道的分工布置，为相反的方向或偏角的位置。

4. 鸡舍间距

鸡舍的间距要从防疫、排污、防火和节约用地几个方面予以考虑。既要避免或减少鸡舍之间的相互感染，又要有利于改善鸡场的环境，有效地排除各栋鸡舍排出的有害气体及粪尿散发的难闻气味以及灰尘。确定鸡舍间距要考虑排污效果，充分利用主导风向与鸡舍纵轴所形成的角度，在满足场区排污需要的前提下，可适当减小鸡舍的间距。通常鸡舍间距为鸡舍高度的3~5倍。

5. 防疫设施

生产区入口处要设消毒池，宽度要大于门宽，长度要大于进场车轮周长的1.5倍。入口旁设洗澡间，洗澡间分为污染区（放置场外用衣服和鞋子）、消毒淋浴区和清洁区（场内衣物放置区）。三区要分明，防止场内外衣物混杂。

场内道路分为净道（运送饲料和产品）和污道（运送粪便、死禽、淘汰禽以及废弃设备），互不交叉，出入口分开，净道和污道可用草坪、林带或池塘隔离。粪便处理场应设在生产区下风口一角或场外，并采用堆积发酵处理粪便。

生产区下风向设焚尸炉或处理坑，将病死鸡采用焚烧法或深埋法处理。鸡舍进出口要设消毒池或消毒盆，并保持消毒剂新鲜有效。此外，还要搞好场地绿化，建立各种防护、隔离林带，种植遮阳植物，可起到美化环境、净化空气的作用，也有利于防疫。

三、养肉鸡设备

（一）笼具

1. 育雏笼

目前，国产的育雏笼主要有9DYC型4层电热育雏器和9DYL型4层电热育雏笼。育雏笼由电热育雏笼、保温育雏笼、雏鸡活动笼3部分组合而成，各部分之间为独立结构，便于根据需要进行组合。如在温度高或采用全舍加温的鸡场，可专门使用雏鸡活动笼。在温度较低的情况下，可适当减少雏鸡活动笼组数，而增加温度和保温育雏笼的数量。

育雏笼总体结构分4层，每层高度为33厘米，每笼面积为

140 厘米×70 厘米，层与层之间有 70 厘米×70 厘米的粪盘，全笼总高度为 173 厘米。通常情况下，多采用 1 组加热育雏笼，1 组保温育雏笼，5 组活动雏鸡笼，总体积为 172 厘米×490 厘米×145 厘米，可育鸡雏 800 只。

2．育成笼

采用的育成笼是 2 层半阶梯育成鸡笼，笼高为 140 厘米。支架角为 72 度，每组长为 190 厘米。整架笼跨度为 161 厘米。单笼笼长为 56 厘米，笼高为 40 厘米，由于笼较大，有利于育成鸡活动，提高鸡群的整齐度，每组笼可饲养 50～70 只。

（二）喂料设备

1．开食盘

开食盘适合于育雏时使用，有圆形和方形等形状，面积大小视雏鸡数量而定，一般每一个供 60～80 只鸡，圆形食盘直径为 35 或 45 厘米。

2．链式喂料机

链式喂料机主要由食槽、料箱、驱动器、链片、转角器、清洁器、升降装置等几部分组成，它工作可靠，维修方便，使用性能良好。目前在国内大量生产普遍采用的是 9WE－42 或 50 笼养链式喂料机，它根据不同鸡种的要求，可配制不同的食槽，喂料最大长度可达 300 米。链片宽度能和食槽宽度很好地配合。一般食槽宽度采用 8.5 厘米，链片宽度为 7 厘米，链片的前边和食槽板接触。

3．料槽

在较小规模肉鸡场或者机械化程度不高的规模化肉鸡场，目前仍采用人工喂料，喂料设备比较简单，在笼的外面固定料槽即可。料槽材料可用金属铁皮或镀锌铁皮，也可用优质塑料。只要无毒，便于清洗和消毒的材料均可以。现多采用平底U形槽，宽度以9厘米为宜。

（三）饮水设备

1. 真空式饮水器

真空式饮水器由水罐和饮水器两部分组成，在饮水盘上开一个出水槽，使用时将水罐倒过来装水，将饮水盘覆盖在上面，然后正过来放在地面，水就会从水孔流出，直到淹没水孔为止。雏鸡饮水后，盘内水面下降，罐内水自动流出，始终保持一定水位，这种饮水器适合于育雏时使用。

2. 乳头式饮水器

乳头式饮水器因其端部有乳头式状阀杆而得名。在近些年的鸡舍环境控制中，乳头式饮水器有了新的突破，由原来的2层密封增为3层密封，乳头漏水现象大为减少，这样有利于舍内鸡粪的干燥。全密封式水线确保了供水的新鲜、洁净，杜绝了外界污染，防止了疾病的传播，减少了疾病的发生率。同时，用水量只相当于水槽用水量的1/10～1/8，并能节省饲料。

3. 水槽式饮水器

用水槽供水应用广泛，因为其结构简单，可直接由自来水笼头供水。多采用常流水式供水法，即将水槽上端的水龙头调节成稳定的小流量，通过下端溢流孔来控制水面的高度。在水槽下端还设排水孔，便于清洗水槽，排除污水。生产中需要定期对设备进行清洗消毒。

（四）光照设备

光照是鸡舍环境控制中比较重要的部分。肉鸡舍的光照设备比较简单。常用的有白炽灯泡、日光灯、节能灯等。光照控制设备主要有遮光导流板和24小时可编程序控制器。

（五）通风设备

鸡舍通风换气设备有很多，如吊扇、换气扇、风机等。规模饲养的肉鸡舍多采用纵向负压通风工艺，因此较适合选用CFJT4.0风机，这种风机运行效率高、噪声低且省电。每台风机的排风量可达50 000米^3/小时以上，一般一栋鸡舍只需安装3～4台。

（六）供暖设备

育雏时，供暖设备可采用电热育雏笼，如为平面育雏，则较多采用保温伞，其加热器为电阻丝或热效率高的远红外管，温度可以控制。供暖设备还可采用辐射采暖板、采暖散热片等，但这些方法供温不均匀，设备费用高，而且要求鸡舍密封，减少了通风换气，易造成鸡舍空气污浊。近年来，新研制的暖风机、热风炉等已成为比较理想的供暖设备。

暖风机是由进风道、热交换器、轴流风机混合箱、供热恒温控制装置、主风道组成，工作时室外新风经进风道过滤器和风道调节阀门进入室内，与室内循环风二次混合后由轴流风机吸入，通过热交换器进入主风道，然后通过主风道侧出风口均匀地将暖气流送入室内，从而调节舍内温度。

热风式通风供暖设备主要是由热风炉、轴流风机、有孔塑料管、调节风门等组成。热风炉是供暖设备系统中的主体设备，它是以空气为介质，以煤为燃料的人工式固定床炉，为供暖空间提供洁净热空气。该设备结构简单，热效率高，送热快，成本低。不同型号热风炉供暖面积可达500～1 000米^2。

（七）降温设备

当舍外气温高于30℃，通过加大通风量已不能满足为肉鸡提供舒适的环境需要时，通常采用下面几种方法来进行降温。

1．湿帘风机系统

进入鸡舍的空气必须经过湿帘，通过湿帘的蒸发吸热，使得进入鸡舍内的空气温度下降。

2．低压喷雾系统

喷嘴安装在舍内或笼的上方，以常规压力进行喷雾降温。

3．喷雾风机系统

与湿帘风机系统相似，所不同的是进风须经过带有高压喷雾的风罩，当空气经过时，温度就会下降。

4．高压喷雾系统

特制的喷头可以将水由液态转化为气态，这种变化过程具有极强的冷却作用。现在规模鸡舍多采用纵向通风工艺，因此湿帘风机系统降温最为适用。它是由湿帘、低压大流量节能风机、水循环系统、自控装置等几部分组成。安装时在一端山墙装风机，一端装湿帘最好，但往往由于一端山墙有工作间，故湿帘常装在两侧墙上，采用纵向负压通风。这种设备费用较低，温度与风速较均匀，降温效果好。

（八）消毒设备

1．自动喷雾装置

在鸡舍的上方安装2列塑料管，管上每隔4米安装4个组合喷头，4个喷头会旋转喷出药液，适合于带鸡消毒。

2．推车式高压泵消毒机

由消毒液箱、电机、喷头、车体组成，电机将消毒液加压，以喷头喷出，可在鸡舍内移动，使用方便。

（九）清粪设备

适合于规模化饲养的清粪设备为9FEQ－1800索引式清粪机，适用于阶梯双列鸡舍的纵向清粪工作，也适用于单列、三列、四列全阶梯笼养蛋鸡舍的清粪工作。其主机由索引机、刮粪板、转角传输线、涂塑钢丝绳、电器控制等零部件组成。这种清粪机优点是结构简单，安装和日常维修方便，机具工作可靠，涂塑钢丝绳耐腐蚀，使用效果好，噪声小，消耗功率小，清粪效果好，清粪清洁度可达97%以上。

（十）鸡粪处理设备

1. 鸡粪烘干设备

（1）太阳能大棚干燥设备　主要利用粪便发酵产生的生物热和太阳能所给予的热量，由搅拌车、铺粪车、移行车、充氧风机及管道等组成，还可以配套送鸡粪，并强制通风排湿，分段分批干燥。太阳能干燥设备的特点是节能、运行成本低，不足之处是易受季节和气候的影响。

（2）快速高温干燥设备　多为回转筒式，有单筒、双筒或多筒组合式，这种工艺的特点是不需晾晒即可将鲜鸡粪一次烘干，杀虫灭菌强度不受天气、季节、地域的限制。

（3）热喷处理工艺　该工艺流程为将预干燥的鸡粪装入压力容器内，密封后由锅炉提供压力水蒸气，保持高压，然后突然减至常压喷放，即得热喷鸡粪。其特点是加工后的鸡粪杀虫、灭菌、除臭效果较好，有机物消化率可提高13.4%～20.9%。

（4）微波处理工艺　该工艺使预干至含水量35%以下的鸡粪通过微波加热器，使之受到强大的超高频电磁波的辐射作用，达到干燥、杀虫、灭菌除臭的目的。其特点是杀虫灭菌效果好，处理后能保持原有成分的含量和色泽。

2. 鸡粪发酵设备

（1）塑料膜覆盖鸡粪发酵堆　适于鸡粪较为干燥的鸡场，利用废旧塑料薄膜覆盖鸡粪，并用绳索固定，经过一段时间自然发酵后，可杀死粪中病菌。

（2）充氧动态发酵机　鲜湿鸡粪烘前先将水分调整到40%以下。然后送到发酵罐内，经搅拌混合并通入热空气，鸡粪在富氧条件下发酵8~12小时，含水分40%左右，并能除臭。

（3）发酵干燥装置　由鸡舍清除的鸡粪先装入容器，然后运往处理场。装入固体发酵装置的顶层，鸡粪厚0.4米，每天移动一层，装入的鸡粪从发酵装置的顶层经过6天发酵后到达底层，发酵即完成。这种方法可以把含水60%的鸡粪干燥到30%，且所用热量大多数是鸡粪本身发酵所产生的热量，因此，既节省能源，又防止污染，是处理鸡粪最理想的办法。

第三节　适度规模肉鸡场经营模式

产业化经营是世界肉鸡产业迅速发展的重要推动力量和必然趋势。目前世界各国肉鸡经营模式多种多样，例如企业纵向一体化模式，龙头企业带动的合同生产一体化模式以及协会为农户提供产前、产中、产后一条龙服务模式等。改革开放以来，受益于产业化经营，我国肉鸡产业由小到大，但与国外发达国家相比，我国肉鸡产业化还处在一个相对较低的水平。

一、国外肉鸡场经营的主要模式

（一）美国模式

合同生产一体化和公司纵向一体化经营是美国肉鸡产业化经

营的 2 种主要模式。肉鸡产业已经成为美国食品和农业部门中产业化程度最高的部门之一。

合同生产一体化就是公司和养鸡户签订生产合同，公司负责提供雏鸡、饲料、药品、疫苗和技术服务，有时候也会向养殖户发放燃料补贴；养殖户提供土地、鸡舍、设备和劳动等，从事饲养管理。生产的肉鸡按合同价全部收回屠宰，按产品数量和质量支付养殖户饲养报酬。合同生产被认为是美国肉鸡产业成功发展的重要因素。这种经营模式的合作机制主要有 2 种：一种是公司与养殖户共担风险、按一定比例分配利润，即“风险共担、利益共享”方式；另一种是养鸡场的全部风险由龙头企业负担的均等定额报酬方式。这种经营模式，对企业来说，能较好地保证产品的质量和供应量的稳定；对农户来说，能大大增强肉鸡饲养和销售的稳定性。通过合作获取了“双赢”，所以合同生产一体化模式在肉鸡产业化经营中占有主导地位。

公司纵向一体化生产模式即肉鸡饲养、加工、销售都由公司自己统一经营。尽管这种模式大大减少了各环节之间的交易费用，降低了成本，便于统一管理，并可加快出栏肉鸡投入加工环节以及进入市场的速度，但在肉鸡产业发展中也受到多种条件的限制。其中，很关键的一点是，这种企业通常规模很大，需要大量的固定资产投资和周转资金，在很大程度上提高了公司经营形式的进入门槛，因而，肉鸡产业发展中采用这种经营模式的公司数量明显低于采用合同生产的公司。

（二）欧盟模式

欧盟共同农业政策是欧洲一体化得以起步并持续发展的重要因素之一，长期维持着成员国之间的利益均衡，各成员国在发展过程中一直遵循，因而各国在农业各部门产业，包括肉鸡产业的发展中有许多共同特征。欧盟各国的农业发展经历以及发展水平相近，在规模化发展的过程中逐渐形成了肉鸡产业一体化的经营模式。欧盟肉鸡产业的发展很大程度上归因于国家政策的支持，同时，各成员国以共同农业政策为基准，根据自身特点形成了各具特色的农业协会和合作社，这些组织构成了欧盟国家肉鸡养殖业和加工业的基石，在肉鸡产业发展过程中发挥着重要的作用。合同生产是欧盟肉鸡产业化经营的主要方式，而公司纵向一体化是欧盟蛋鸡产业化经营的主要方式。

（三）日本模式

日本的养鸡产业起步于20世纪50年代末，起步较晚，但随着农业产业化进程的加快，20世纪60年代初日本的肉鸡产业便开始采用产业化经营方式。日本肉鸡产业主要通过农协、商社以及各种专业协会发展起来，这是日本肉鸡产业发展的最大特色。日本肉鸡产业化经营模式可以分为商社型一体化和农协一体化2类。

商社型一体化经营模式可以分为2种，一种从饲料业发起。日本综合商社属于一种特殊的利益集团，拥有进口饲料的特权。20世纪60年代随着日本经济的迅速发展，对鸡肉和鸡蛋的需求急剧增加，饲料行业内部的竞争日趋激烈。部分商社为了促销饲料建立种鸡场、孵化场、肉鸡处理加工厂、鸡蛋的分等和包装工厂及超级市场。有的商社还将系统内部的饭店旅馆对鸡肉和鸡蛋的需求联系在一起。另一种商社型的产业化经营从零售业发起。这些商社掌握大规模的超级市场和食品加工厂，为了确保鸡肉和鸡蛋的货源，他们建立孵化场、饲料加工厂，甚至养鸡场。日本商社肉鸡饲养模式主要有3种：一是采用合同生产的方式委托给农户，农户提供土地、鸡舍等固定资本和劳动力，公司提供生产资料和技术，公司按合同规定收购肉鸡；二是委托农协饲养；三是直属农场饲养。

农协一体化经营模式，即是农协参与到肉鸡产业化的发展之中。日本的农业协同组合（简称农协）是以农民为主要成员，共同出资建立起来的农民自我服务性质组织，是日本农业产业化的核心力量。协会为农户提供产前、产中和产后全方位的社会化服务，包括技术、资金、物资、产品加工和销售等，90% 以上的肉鸡养殖户都参加了相关协会。农协主要是通过合同生产的方式与养殖户联系在一起，养殖户从农协购买雏鸡和饲料，等到肉鸡出栏时再出售给农协。全国农协贩卖协会和各主要养鸡大县的农协都建立了自己系统内的种鸡场。农协除在当地出售少量产品外，大部分加工后的成品都通过贩卖协会在全国范围内出售。

（四）巴西模式

随着巴西肉鸡生产的快速增长，2000—2010 年巴西肉鸡出口持续增长，肉鸡出口量占其肉鸡生产总量的比例超过 30%，已成为世界最大的肉鸡出口国，其肉鸡产量仅次于美国和中国。经过 30 多年的快速发展，巴西逐步形成了以加工肉鸡为主体，以加工肉鸡的出口为导向的产业发展模式。低成本高质量保证了巴西肉鸡产业的持续增长，而纵向一体化产业经营模式是巴西肉鸡产业迅速发展的重要因素。在巴西，超过 90% 的肉鸡生产来自纵向一体化公司或者合作公司。大型公司都是一条龙模式，有自己的育种和饲养场地，且拥有先进的加工厂。对肉鸡产品进行深加工，对外出口附加值高的肉鸡产品是巴西产业成功发展的重要市场策略之一。巴西肉鸡纵向一体化公司和合作公司都实行较为严格的质量控制项目，保证了较高的肉鸡产品质量。

二、国内肉鸡场经营的主要模式

20世纪80年代，政府“菜篮子”工程等的实施使肉鸡产业得到了快速发展，现代化肉鸡产业生产体系得以建立，大型饲养场得以兴办，开始形成了“公司+养殖户”产业经营模式的雏形。特别是20世纪80年代末至90年代初，农村实行了土地承包制，养殖户开始利用承包土地和自家的庭院参与家禽养殖，创建“小规模、大群体”养殖模式。在“公司+养殖户”产业经营模式的基础上，家禽产业还出现了其他模式，目前处于多种模式共存的阶段。主要经营模式有农户独立面向市场的放养模式和纵向一体化的规模养殖模式；龙头企业带动型，中介组织协调型等合同养殖模式；更有深度开发和拓展家禽业新功能，进一步开发和保护郊区农业的生态功能的环境友好型模式等。

（一）市场联结型

市场联结模式是传统的养殖模式，是养殖户自行采购鸡苗、饲料、兽药，自行联系出栏、出售的一种模式。通常是加工企业或经纪人上门，以市场价格收购肉鸡，养殖户只要求得到市场价格对应的收益。

这种模式中，养殖户随机将肉鸡出售给加工企业、经纪人等，双方不预先签订合同，自由买卖，价格随行就市，养殖户和加工企业、经纪人等可凭自己意愿自由决定交易对象，互相具有选择权利，自主性强。

但是这种模式存在诸多缺点，一方面由于交易双方只是一种单纯的商品买卖关系，养殖户与加工企业、经纪人等之间相互独立。企业为达到利润最大化，不可避免地会造成对养殖户利益的损害。养殖户要承担养殖和市场双重风险，产品产量和质量往往不稳定。另一方面，由于养殖户无法获得产品增值的利益，总体利润率较低。部分养殖场受养殖规模和资金的局限，往往忽略对设备和生产工艺的改进，导致行业整体生产效率低下。

（二）纵向一体化型

纵向一体化生产，即饲养、加工、销售都归企业，由企业内部统筹安排、分工协作、分别核算。对于具有资金实力和技术优势的企业来说，建立自己的饲料厂、孵化场和屠宰加工场，实现集饲料加工、种鸡养殖、种蛋孵化、肉鸡饲养、屠宰加工、产品销售为一体的经营模式，减少了运转环节和成本，有利于减少各环节之间的交易费用，提高了流通效率，便于统一管理和疫病防控，产量稳定、品质和安全可控，并可加快出栏肉鸡投入加工环节以及进入市场的速度。

但这种模式也存在一定问题；第一，对企业资金及规模要求较高，公司要大量投资建立大型的现代化肉鸡饲养场；第二，近年来劳动力成本大幅增加，企业雇工费用较高。因而，肉鸡产业中采用这种组织形式的企业越来越少。许多企业在逐步调整肉鸡饲养政策，加大放养力度，由纵向一体化为主的模式逐渐转向为合同放养，并已经实现全部放养的转变。

（三）龙头企业带动型

这种模式主要表现为“龙头企业＋养殖户”的形式。

按利益分配机制，该模式可分为合同制和利润返还制 2 种情况。合同制是以肉鸡产品加工或流通企业为龙头，通过合同契约和养殖户结成较为紧密的生产经营体系，养殖户负责投资建场、提供设备和劳动力以及从事生产管理，按照公司的生产计划和技术规范进行生产，公司有偿向农户提供雏鸡、饲料、运输及技术服务等，带动养鸡户从事专业生产，并按合同价约定回收养殖户生产的肉鸡，按其饲养数量和质量提供报酬；利润返还制是养殖户和企业签订合同时确定养殖户提供产品的数量、质量、价格和龙头企业返利方法。龙头企业不仅按合同价全部收购产品，还要按养殖户提供产品的数量、质量返还利润，使养殖户能够分享加工流通环节的利润。

这种模式主要有3个优点：一是养殖、加工、销售等各环节之间的联系具有稳定性，参与联合的双方都以稳定的契约形式明确了各自的权利和责任。对于养殖户来说可以获得稳定的收入，对于公司来说能够保证产品质量和数量的稳定。二是龙头企业的功能具有综合性，不是单纯地向养殖户收购产品，然后加工、销售，而是要对养殖户生产给予扶持和提供各种服务。三是企业承担主要的市场风险，大大降低了养殖户的风险。

在实际运作中，这种模式也存在一些缺点：一是龙头企业和养殖户双方是独立的利益主体，二者之间缺乏利益约束机制。公司和养殖户双方契约约束力脆弱，单方违约现象严重。二是这种模式养殖户分散经营，公司一般不会对养殖户的生产做到全程监督和管理，因此肉鸡产品质量控制存在问题。

（四）中介组织协调型

中介组织主要包括合作社、养鸡协会和标准化养殖基地。中介组织与公司签订购销合同，将养殖户和龙头企业联系起来。养殖户一般只需向中介组织交纳雏鸡款、饲料费用等，企业或中介组织为养殖户提供技术、检疫等各种服务。产品由中介组织与企业共同验收，企业把收购款付给中介组织，中介组织按交易量大小分配给养殖户。

优点：一是降低成本，养殖户与公司通过中介组织进行联系，降低了双方交易、搜寻、签约成本等，且中介组织可以制止一些养殖户的违约行为，减少公司监督履约的成本。二是规避市场风险，中介组织代表养殖户利益与公司进行谈判，既能避免单个养殖户与公司谈判中的不利局面，又能确保合同的有效执行，能较好地避免合同执行过程中市场价格波动给养殖户带来的损失。三是加快技术推广，中介组织加强了对养殖户的生产监督，减少了肉鸡发病率，提高了产品质量。四是养殖规模化，中介组织把众多养殖户连接起来，实现了相当规模的集约化经营。

缺点：协会等中介组织的法律地位不明确，发育滞后，在技术、资金、储运等环节无法完全满足养殖户的要求。在中介组织中，养殖大户的话语权大，所受制约相对较弱。如果他们为了贪图一己之利，就容易产生对众多小养殖户的欺压行为。且这种养殖模式并不能改变个体养殖户规模小、养殖环境差的问题。另外，中介组织的建立存在着组织成本，且组织成本的差别较大，例如合作社在创办期间社员要投资入股，对单个养殖户来说，向合作社投入资金无疑是增加了风险。

第二章

肉鸡品种

肉鸡是专门满足人类对鸡肉蛋白质需要的鸡品种，具有生长速度快、产肉性能好等特点。目前我国饲养的肉鸡品种主要分为两大类型。一类是快大型白羽肉鸡（一般称之为肉鸡），另一类是黄羽肉鸡（一般称之为黄鸡，也称优质肉鸡）。

第一节　快大型肉鸡品种

一、艾维茵肉鸡

艾维茵肉鸡是美国艾维茵国际有限责任公司培育的三系配套白羽肉鸡品种，属于白羽肉鸡中饲养较多的品种之一。艾维茵肉鸡为显性白羽肉鸡，体型饱满，胸宽，腿短，黄皮肤，具有增重快、成活率高、饲料报酬率高的优良特点。

艾维茵肉鸡商品代生产性能：商品代公母混养49日龄体重2 615克，耗料4.63千克，饲料转化率1.89，成活率97%以上。艾维茵肉鸡可在全国绝大部分地区饲养，适宜集约化养鸡场、规模化鸡场、专业户和农户养殖。

二、爱拔益加肉鸡

爱拔益加肉鸡又称 AA 肉鸡，是美国爱拔益加育种公司培育的四系配套白羽肉鸡品种，属于白羽肉鸡中饲养较多的品种之一，具有生产性能稳定、增重快、胸肉产肉率高、成活率高、饲料报酬率高、抗逆性强的优良特点。

AA 肉鸡父母代生产性能：全群平均成活率 90%；入舍母鸡 66 周龄产蛋数 193 枚，入舍母鸡产种蛋数 185 枚，入舍母鸡产健雏数 159 只，种蛋受精率 94%；入孵种蛋平均孵化率 80%，36 周龄平均蛋重 63 克。

AA 肉鸡商品代生产性能：商品代公母混养 35 日龄体重 1 770克，成活率 97%，饲料利用率 1. 56；42 日龄体重 2 360克，成活率 96. 5%，饲料利用率 1. 73，胸肉产肉率 16. 1%；49 日龄体重 2 940 克，成活率 95. 8%，饲料利用率 1. 90，胸肉产肉率 16. 8%。AA 肉鸡可在全国绝大部分地区饲养，适宜集约化养鸡场、规模化鸡场、专业户和农产养殖。

三、海布罗肉鸡

海布罗系荷兰优里布里德家禽育种场育成的四系配套肉用型鸡。四系杂交的商品代鸡为白羽肉用系鸡。其父母代种鸡生产性能：育成期 1 ~ 20 周龄，死淘率 6%，20 周龄体重 1. 94 千克。入舍母鸡总耗料量 9. 6 千克，产蛋期 20 ~ 64 周，入舍母鸡产蛋数 171 枚，其中，可孵蛋数 160 枚，入孵蛋平均孵化率 84. 2%。每只入舍母鸡产雏数 135 个。

四、安卡红肉鸡

安卡红肉鸡为速生型黄羽肉鸡，四系配套，是生长速度最快的有色羽肉鸡之一，具有适应性强、耐应激、长速快、饲料报酬率高等特点。安卡红肉鸡黄羽、单冠，体貌黄中偏红，黄腿、黄皮肤，部分鸡颈部和背部有麻羽。49 日龄平均活重 1 930克，料肉比2：1。与国内的地方鸡种杂交有很好的配合力。国内目前多数的速生型黄羽肉鸡都含有安卡红肉鸡的血液。国内部分地区使用安卡红公鸡与商品蛋鸡或地方鸡种杂交，生产黄杂鸡。安卡红肉鸡可在全国各地饲养，适宜集约化养鸡场、规模化鸡场、专业户和农产养殖。

五、红布罗肉鸡

红布罗肉鸡又称红宝肉鸡，系加拿大雪佛公司育成的四系配套红羽快大型肉鸡品种。父系为胸部丰满、体质结实的红科尼什，母系为产蛋量高的红羽鸡。商品代肉用仔鸡具有黄喙、黄脚、黄皮肤三黄特征。该鸡适应性好、抗病力强，生长迅速，饲料转化率高，体型好，肉味亦好，与地方品种杂交效果良好。用全价饲料饲养，60 日龄体重达 2. 2 千克，中等营养水平 70 日龄体重 1. 8 千克，饲料转化率（2. 2 ~2. 7）：1。我国引进有祖代种鸡繁育推广。

第二节　优质肉鸡品种

一、新浦东鸡

新浦东鸡是我国的第一个黄羽肉鸡品种，具有体型大、肉质鲜美等特点。初生雏绒羽多呈黄色，少数头、背部有条状褐色或灰色羽绒带。成年公鸡体型高大、健壮、胸宽，羽色有黄胸黄衩、红胸红背、黑胸红背3种。母鸡羽毛全身黄色，部分为深黄。羽片端部或边缘常有黑色斑点，因而形成深麻色或浅麻色。喙色1月龄前为黄褐色，2～6月龄部分为黑色，产蛋后期为黄色。

新浦东鸡成年公鸡平均体重4.0千克，母鸡3.26千克。新浦东鸡的肉用仔鸡生长速度为：4周龄公鸡平均重432.7克，母鸡平均重390.5克；9周龄公鸡平均重1 862.6克，母鸡平均重1 490.6克；10周龄公鸡平均重2 172.1克，母鸡平均重1 703.9克。在一般饲养条件下，10周龄公母鸡混合平均重都可达1.5千克以上。新浦东鸡饲料利用率一般生产鸡为2.7～2.9。新浦东鸡开产日龄平均为184天，达50%产蛋率的平均日龄为197.8天。一般鸡群500日龄产蛋量平均为140～152枚。

新浦东鸡一般入孵蛋孵化率达70%以上，受精蛋孵化率达80%。10周龄成活率高达98%，一般为92%以上。新浦东鸡目前主要在南方地区饲养。

二、康达尔黄鸡128配套系

康达尔黄鸡128配套系包括康达尔128A、康达尔128F2个品系，属中速优质肉鸡，羽毛黄色和黄麻，体呈长方形。胸肉丰满，具有肉质优良、成活率高的特点。由深圳康达尔（集团）有限责任公司家禽育种中心培育，2000年7月农业部正式批准。

康达尔黄鸡128配套系各项性能见表2－1至表2－3。

表 2-1 康达尔黄鸡 128 配套系孵化性能 (%)

项　目	种蛋受精率	入孵蛋孵化率	受精蛋孵化率	健雏率
康达尔 128F	96.67	88.5	91.55	98.68
康达尔 128A	97.33	92.83	95.38	100

表 2-2 康达尔黄鸡 128 配套系生长性能

项　目	12 周龄母鸡			8 周龄公鸡		
	体重（克）	饲料转化率	成活率（5）	体重（克）	饲料转化率	成活率（克）
康达尔 128F	1 944.86	3.09	98.91	1 636.13	2.11	99.42
康达尔 128A	1 849.96	3.16	98.06	1 488.06	2.20	98.02

表 2-3 康达尔黄鸡 128 配套系屠宰性能 (%)

项　目	公鸡 56 日龄屠宰			公鸡 84 日龄屠宰		
	屠宰率	胸肌率	腿肌率	屠宰率	胸肌率	腿肌率
康达尔 128F	94.59	17.44	26.70	94.77	21.05	27.31
康达尔 128A	93.3	18.20	26.06	94.08	22.17	26.78

康达尔黄鸡 128 配套系可在全国各地饲养，适宜集约化养鸡场、规模化鸡场、专业户和农户养殖。

三、万寿鸡

万寿鸡是中国农业科学院北京畜牧兽医研究所育成的两系配套黄羽优质肉鸡良种。其父本体型为正常型，母本在育种中曾应用过矮小基因。此鸡商品代矮脚、宽胸、浅黄羽，适用于高档餐馆。70 日龄公鸡体重 1 565克、母鸡 1 290克，混养体重 1 387克，料肉比2.33：1。90日龄公鸡体重1 983克、母鸡1 567克，混养体重1 775克，料肉比2.78：1。

四、北京油鸡

北京油鸡属兼用型地方优良品种，具有肉味鲜美、蛋质佳良的特点，其屠体皮肤微黄，紧凑丰满，肌间脂肪分布良好，肉质细嫩，适用多种烹饪方法，为鸡肉中的上品。

北京油鸡具有冠羽和颈羽，有些个体兼有趾羽。不少个体的颌或颊部生有髯须。通常把这“三羽”看作是北京油鸡的主要外貌特征，即“毛冠、毛髯和毛腿”。北京油鸡体躯中等，羽毛主要有赤褐色和黄色，呈赤褐色的体型较小，呈黄色的体型略大。初生雏全身披着淡黄或土黄色羽绒，冠羽、颈羽、髯羽很明显；成年鸡的羽毛厚密而蓬松，公鸡的羽毛色泽鲜艳光亮，尾羽多呈黑色，母鸡尾羽常夹有黑色或以羽轴为中界的半黑牛黄的羽片。喙和胫呈黄色。

北京油鸡的生长速度缓慢，其初生重为38.4克，4周龄重为220克，8周龄重为549.1克，12周龄重为959.7克，16周龄重为1 228.7克，30周龄的公鸡为1.5千克、母鸡为1.2千克。农户饲养条件下的成年鸡屠宰，公鸡体重1.76千克，半净膛屠宰率为83.5%，全净膛屠宰率为76.6%；母鸡体重1.64千克，半净膛屠宰率为70.7%，全净膛屠宰率为64.6%。

北京油鸡农家放养条件下，年产蛋110枚左右，饲养良好条件下年产蛋可达125枚，平均蛋重为56克左右，蛋壳深褐色，蛋壳表面覆布一层轻淡的白色胶护膜，俗成“白霜”。

五、溧阳鸡

溧阳鸡属较大型地方优良肉用鸡种，又称九斤黄鸡、三黄鸡，具有体型大、胸宽、肌肉较丰满、觅食力强、宜放牧、羽毛生长快等特点。公鸡羽毛为黄色或橘黄色，母鸡羽色绝大部分呈草黄色，有少数呈黄麻色。成年公鸡体重为3.85千克左右，母鸡体重为2.60千克左右。90日龄公鸡体重1.35千克，半净膛屠宰率82%；母鸡体重1.2千克，半净膛屠宰率83.2%。500日龄平均产蛋量145枚左右，平均蛋重57.2克左右。

六、清远麻鸡

清远麻鸡属小型地方优良肉用鸡种，具有体型小、皮薄骨软、皮下和肌间脂肪发达、肉质优良的特点。

清远麻鸡体型特征可概括为“一楔、二细、三麻身”，即母鸡体形像楔形，前躯紧凑、后躯圆大；头细、脚细；母鸡背羽面麻黄、麻棕、麻褐。出壳雏鸡背部绒羽为灰棕色，两侧各有一条白色绒羽带，直至第一次换羽后才消失，这是清远麻鸡雏鸡的独特标志。公鸡头颈、背部的羽金黄色，胸羽、腹羽、尾羽及主翼羽黑色，肩羽、背羽枣红色，喙黄、脚短而黄；母鸡头部和颈前1/3的羽毛呈深黄色，背部羽毛分为麻黄、麻棕、麻褐3种，喙黄而短。

清远麻鸡公鸡平均体重1.7～2.8千克，母鸡平均体重1.3～2.5千克。在农家饲养放牧为主的条件下，120日龄公鸡体重1.25千克，母鸡1.0千克，一般180日龄左右上市。据测定，未经育肥的仔母鸡半净膛屠宰率85%，全净膛屠宰率75.5%。清远麻鸡在农家饲养自然孵化条件下，年产蛋为70～80枚，平均蛋重46.6克。

七、杏花鸡

杏花鸡属小型地方优良肉用鸡种，具有早熟、易肥、皮下和肌间脂肪分布均匀、骨细皮薄、肌纤维细嫩、光滑等特点。杏花鸡体质结实，结构匀称，被毛紧凑，前躯窄，后躯宽。其体型特征概括为“两细、三黄、三短”，即头细、脚细；黄喙、黄羽、黄脚；颈短、体躯短、脚短。公鸡羽毛黄色略带金红色，主翼和尾羽有黑色。母鸡颈基部羽毛多有黑斑点，形似颈链。

杏花鸡公鸡平均体重为1.5~2.9千克，母鸡1.0~2.7千克；饲喂配合料，112日龄公鸡平均体重为1.256千克，母鸡1.032千克；未开产的母鸡，一般养至5~6月龄，体重达1.0~1.2千克，经10~15天育肥，体重可增至1.15~1.3千克；112日龄屠宰，半净膛屠宰率公鸡为79%，母鸡为76%；全净膛屠宰率公鸡为74.4%，母鸡为70%。

杏花鸡农家放养年产蛋60~90枚，良好饲养条件下年产蛋可达95枚，平均蛋重为45克左右。

八、维扬麻鸡

维扬麻鸡为江苏省家禽科学研究所家禽育种中心培育，属优质型肉鸡配套系。其商品代体形呈楔形，小而紧凑；属快羽型，公鸡羽毛背部红色、腹部黑色，母鸡麻羽；皮肤白色，毛孔细；单冠直立，喙、胫、趾青色；具有早熟、觅食力强和抗逆性强等特性。

维扬麻鸡生产性能优良，66周龄入舍母鸡产蛋数172.6个，种蛋受精率95.9%，受精蛋孵化率95.1%；商品代公鸡84日龄体重为1 643克，母鸡为1.243千克，饲料转化率为3.12∶1。

九、雪山鸡

雪山鸡为常州市立华畜禽有限公司培育，属优质型肉鸡配套系，以藏鸡、茶花鸡和隐性白羽鸡组成三系配套。配套系商品代体型小、匀称，公、母鸡单冠、青脚无毛；公鸡羽毛背部红色、腹部黑色，母鸡深麻羽；具有早熟、早期羽毛生长快、觅食能力强、抗逆性强等特性。

经国家家禽生产性能测定站测定：雪山鸡父母代种鸡达5%产蛋率的周龄为22周，平均体重1.76千克，66周龄平均产蛋170枚，种蛋受精率94.7%，受精蛋孵化率95.2%；商品代公鸡13周龄平均体重1.55千克，平均料重比3.2∶1，母鸡平均体重1.2千克，平均料重比3.21∶1。

第三章

种鸡的饲养管理

肉种鸡的饲养目的是获得肉仔雏鸡，要求肉种鸡必须有好的繁殖性能，生产更多可供孵化的种蛋，得到更多的商品雏鸡。因饲养周期长、环节多、管理技术复杂，肉种鸡的饲养管理要求科学化、系统化、专门化。肉种鸡的饲养关键是防止过肥和预防腿病。

第一节　快大型肉种鸡的饲养管理

一、生长期的饲养管理

快大型肉种鸡的育雏期是从 0 ~ 3 周龄或 4 周龄，种公鸡是 0 ~ 4 周龄。快大型肉种鸡育雏是为了整个种鸡生产周期打基础。在育雏前，要了解雏鸡的生理特点，并根据其特点，采取相应的技术措施，创造一系列有利于雏鸡生长发育的环境条件。

（一）饲养方式

肉种鸡育雏期的饲养方式可分为笼养、网上平养和厚垫料平养 3 种形式。目前，大型肉用种鸡场一般采用笼养形式育雏，一般为 4 层叠层式笼，层与层之间有接粪板，每层可育雏鸡 25 只，每架笼养 100 只雏鸡，饲养密度 35.7 只/米^2。这种育雏方式饲养密度大，占地面积少，便于管理，也有利于保温，成活率高，但投资大。

（二）饲养密度

饲养密度过大，鸡群拥挤，采食不均，从而影响雏鸡的均匀度，弱雏增多。饲养密度大，还会造成饲养环境条件恶化，容易感染细菌性疾病和球虫病。雏鸡的饲养密度，因饲养方式的不同而异，一般平养20只/米^2（彩图1）。

（三）开水开食

1．开水

鸡雏到育雏舍后，应稍时休息，待适应环境后，再开始饮水开食。1日龄雏鸡第一次饮水称为初饮，一般在毛干后3小时即可接到育雏室，给以饮水，因出雏后大量消耗体内水分。据研究，出雏24小时后消耗体内水分8%，48小时后耗水15%，所以应先饮水后开食，这样可促进肠道蠕动、吸收残留卵黄、排除胎粪、增进食欲、利于开食。

初饮时，在水中加8%葡萄糖，饮足12小时。同时加入抗生素、多维或电解质营养液，有良好效果。1周内应用凉开水，水温保持与室温相同，1周后直接用自来水即可。

雏鸡初饮后，无论何时都不能再断水。饲养中要防止长时间缺水后引起雏鸡暴饮。饮水器每天要刷洗并更换1～2次，饮水器要充足。初饮时，100只雏鸡至少应有2～3个5升大小的真空饮水器，并均匀地分布在鸡舍内。饮水器随着鸡日龄增大而调整。立体笼育开始在笼内饮水，1周后应训练在笼外饮水，平面育雏，随着日龄增大而调整饮水器高度。

2．开食

雏鸡第一次吃食称为开食，试验证明在孵出后24～36小时开食为宜，已有60%～70%的雏鸡有啄食表现。有人曾试验，雏鸡在毛干后分别于8、16、24、36小时开食，结果是24小时开食的死亡率最低。开食过晚会使鸡变得虚弱而影响发育和增加死亡。开食的方法是将饲料撒在反光性强的硬纸、塑料布或开食盘内。据介绍，应在饮水3～4小时后再开食，开食用湿的配合料，可在饲料上面撒一层玉米碎粒，或先用生芯小米开食，这样有助于防止饲料粘嘴和因蛋白质过高使尿酸盐存积而糊住肛门。饮水器食槽应在育雏室内分布均匀。

（四）温度

1．温度范围

温度是育雏的首要环境条件，也是育雏的关键。育雏时的温度应在33～35℃，温差不能超过1℃，这个温度是指雏鸡活动范围内鸡背高处温度，不是整个鸡舍的温度。每周温度下降2～3℃，最后保持在21℃左右为宜。

1日龄时，雏鸡需要育雏伞下方温度为32～35℃，舍内温度为26～27℃。而且，温度要均匀，温差不能太大。夜间气温低，育雏温度应比白天提高1～2℃。以后，每隔4天育雏伞的温度可以降低2℃。到14～21日龄时，鸡只应遍布整个鸡舍。这时，要保持理想的室内温度在24℃左右，训练鸡群不再依赖育雏伞。伞型育雏器伞下所容纳雏鸡数，根据伞的面积和高度而定，一般可容纳300～1 000只。

2．判断温度是否适宜的方法

判断育雏时温度高低，除观察室内温度表外，主要是观看雏鸡行为和听雏鸡叫声。

（1）温度正常　雏鸡活泼好动，吃食饮水都正常。在育雏室（笼）内分布均匀，晚上雏鸡能安静休息（彩图2）。

(2) 温度高　雏鸡远离热源，张开翅膀，伸出头颈张口喘气(彩图3)，而且呼吸急促，发出吱吱的鸣叫声，寻找舍内凉爽的地方，特别是远离热源、沿墙边和饮水器的地方。饮水量增加，而且会甩水使全身湿透。

(3) 温度低　雏鸡聚集在一堆尽量靠近热源，并发出“叽叽叽”的叫声，因聚集成堆，在下层的鸡会被压窒息而死。肠道和盲肠内物质呈水样，排泄的粪便较稀，出现糊肛现象。

(五) 湿度

育雏期要求相对湿度为55%～70%。加湿的方法很多，如室内挂湿帘、火炉上放水桶产生水气、在地面上直接洒水，或在水中添加消毒剂对鸡舍和雏鸡实施带鸡消毒，这样既增加了湿度又对雏鸡实施了消毒，可取得一举两得的效果。雏鸡不同日龄的适宜湿度见表3－1。

表3－1　雏鸡的适宜湿度

项目	日龄		
	0～10	11～30	31～45
适宜湿度	70	65	60
高湿极限	75	75	75
低湿极限	40	40	40

(六) 光照

光照对于育雏期来说也很重要，初生雏前几天视力较弱，为保证采食和饮水，前3～4日每日光照23～24小时，然后改为12小时，以后每日减少0.5小时，直到每日光照8小时为止。光照对繁殖也很重要。如对性成熟的影响，母雏生长阶段的后半期每天光照超过 10 小时或者逐渐延长光照，将使母雏开产早，早熟早衰，蛋重小，并拖长应达到平均蛋重的时间。有的鸡在产蛋时易发生泄殖腔脱垂，产蛋的持续高峰期缩短，体重轻，死亡率高。

（七）通风

鸡舍通风换气的目的是满足雏鸡对氧气的需要和调节温度，排除二氧化碳、氨及多余的水气和羽毛屑。室内二氧化碳浓度不应超过0.5%（正常含量0.03%），氨的浓度不应高于20 克/米^3。另外，通风还可以调节温、湿度。

（八）断喙

集约化养鸡容易患啄癖，此病可给生产造成较大损失，因此，饲养在开放式鸡舍的雏鸡都要通过断喙预防啄癖。断喙还具有节省饲料的效果。试验证明，在育雏期断喙，每天每只鸡可节省 5～10 克饲料。由于饲养周期短，肉仔鸡不需要断喙。肉种鸡断喙在 6～7 日龄断喙出血少，应激小，且容易破坏喙的生长点，断喙效果好。

1. 断喙要求

断喙使用专用的断喙器（彩图 4）。可根据鸡的日龄选择断喙器的孔径，7～10 日龄般选择 4.4 毫米的孔径。种母鸡上喙切掉喙尖距鼻孔之间的 1/2，下喙切掉 1/3。种公鸡上喙切掉喙尖距鼻孔之间的 1/3，下喙切掉 1/4。断掉后，上喙稍短于下喙。断喙时，待刀烧至褐红色，温度约 650℃（暗樱桃红色）进行。如刀片温度太低，鸡嘴就会被撕下而不是被切下。如刀片温度太高。鸡嘴就会粘结在刀片上。当鸡嘴从刀片上拉下时，烧灼处就会损伤。两者都会造成鸡嘴流血。

2. 断喙操作方法

用手握住鸡，大拇指顶住鸡头部后侧，食指抵住鸡的下颌轻压咽部，使鸡的头部不能左右摇摆，同时又使鸡舌缩回，以防切断鸡舌。中指护胸，无名指和小指夹住两爪，将鸡嘴放入断喙孔内在离鼻孔2毫米处切断，断烙时间为2～3秒。为保证连续不断干净利落地断喙，要经常更换刀片，除去表面的积炭。如断喙正确，大约切去雏鸡上喙的1/3（从喙尖到鼻孔下边缘计算）。剩余部分的长度从鼻孔下边缘测量应为2毫米。

3. 断喙注意事项

断喙对鸡来说是一大应激，断喙前应检查鸡群的健康状况。如果体况不佳，则不能断喙；免疫期间最好不断喙。为防止出血，在断喙前一天应在料中加喂维生素K，约2毫克/千克，其他维生素的含量也要增加2～3倍。断喙后，可饮多维电解质营养液。操作过程中不要烫伤鸡只舌头。断喙后，如果有喙尖出血，则应及时烫烙，直至全部停止流血为止（彩图5）；如果断喙后鸡喙流血的现象超过1%～2%，应调整刀片温度。断喙后，水料要充足，食槽内应多加一些料，以免鸡啄食碰到硬的槽底有疼痛感觉而影响吃料。

（九）饲喂

雏鸡生长速度快，在日粮配合上应尽量使用高能量高蛋白质及含维生素、微量元素充足、容易消化、营养全面的日粮。在量和次数上要做到少给勤添，不可一次加足。育雏期要自由采食，尤其是公鸡，尽可能让其快速生长。

此外，应经常调整鸡群。淘汰没有种用价值的病、残、弱鸡。

（十）防疫与免疫

防疫是鸡场生存的基本条件。预防疾病的措施包括对种鸡设备的消毒和严格执行防疫程序以减少疾病传入鸡群的可能性。

1. 加强防疫管理

坚持全进全出制度。谢绝一切参观人员。执行严格的卫生管理措施，防止将疾病带入种鸡场。每个场应有自己的设备和工具，不允许场与场之间共用设备。运送饲料日程表应该按照鸡群的日龄顺序编排。发病的鸡场或鸡舍必须最后一个送料。每栋鸡舍专人管理。鸡舍用孔径2厘米的铁丝网来阻止野鸟、老鼠和其他食肉动物进入鸡舍。饮用水的pH值为6.5~7.0，每年应进行2~3次水质分析以测定细菌数和矿物质浓度。

2. 重视消毒措施

种鸡场的所有进出口处必须有消毒设施。每栋鸡舍或每栏鸡群的进口处应设有消毒池，消毒池应经常保持有效的消毒液。带入鸡场的物品必须事先熏蒸消毒或用消毒液浸泡消毒。所有工作人员必须经消毒后方可允许入内，这些消毒设施包括热水淋浴，彻底更换衣服和鞋。只能用消过毒的塑料蛋盘来转运种蛋。建议饲料用散装料或一次性使用的袋装饲料，饲料厂的所有车辆必须在鸡场的入口处彻底消毒。进出口人员须经过消毒池而进出鸡舍。水井供水时，病原体的存在常常是由于水井太浅，需要用漂白粉（1~5克/升）对饮用水进行消毒处理，

3. 严格免疫

父母代种群必须进行严格地免疫，使其具有抵抗疾病的能力，同时使其商品代仔鸡有适当的母源抗体。免疫程序的制订除参考有关书籍外，还要考虑本场的情况和周围环境。

二、育成期的饲养管理

育成期是指从育雏期结束到产蛋期到来之前的饲养阶段，一般是7～23周龄。育成期又分为育成前期（7～17周龄）和预产期（18～23周龄）。

（一）育成前期（7～17周龄）的饲养管理

1．转群

转群即将育雏舍的雏鸡转入育成舍内。如果育雏和育成是在同一鸡舍内完成，则不存在转群育成舍的消毒问题，只须疏散鸡群减少饲养密度。如果育雏和育成不在同一鸡舍内，为保持鸡群的健壮和整齐，应淘汰病弱残鸡，单独饲喂弱小的鸡。到3周龄末4周龄初则须把雏鸡转到育成舍中；在转群前，要对育成舍进行消毒。

2．育成期的环境要求

（1）温度和湿度　育成期适宜的温度为18～21℃。舍内温度超过27℃或低于16℃，均会影响到鸡的饲料报酬和生长发育，应进行温度调节。育成期适宜的湿度是55%～65%。

（2）饲养密度　饲养密度不仅决定肉种鸡的运动量大小，更重要的是关系到采食和饮水的均匀程度以及通风换气等环境因素。要提供充足的饲喂、饮水面积，使所有的鸡只同时吃料、饮水。安装饮水设备，要保证鸡只在3米范围内能饮到水。育成期种鸡饲养面积、采食面积和饮水面积分别见表3－2、表3－3和表3－4。

表3－2　育成期种鸡饲养面积要求（平养）

环境	母鸡（只/米^2）	公鸡（只/米^2）
适宜气候和环境控制	6.2	3
炎热气候	4.8	2.75

表 3-3 育成期种鸡采食面积要求（平养）

饲喂器	链槽式（厘米/只）	圆筒式（只/个）	圆盘式（只/个）
母鸡	15.0	12	14
公鸡	20.0	8~12	8~10

表 3-4 育成期种鸡饮水面积要求（平养）

饮水器	槽式（厘米/只）	钟式（只/个）	乳头式（只/个）
母鸡	2.5	80	8~12
公鸡	4.0	60~80	8

（3）光照 光照直接影响鸡的性成熟时间，如果育成期（10周龄后）光照时间过长，会导致母鸡性成熟早、开产早，而此时鸡的体型发育还不完全。体成熟不完全的肉种鸡产蛋维持期短，蛋重小，从而影响肉种鸡的种用性能。在生长期的光照时间逐渐减少或短于11个小时，都可使性成熟推迟；而光照时间延长或多于11个小时，将刺激性成熟，促使性成熟提前。因此，育成期要制订科学的光照程序并严格执行。

开放式鸡舍中，顺季鸡群一般应于20周龄末开始光刺激，光照应在原自然光照的基础上增加2~2.5小时，以增加光照的刺激作用；逆季鸡群在18周龄末时应给予14小时的光照，光照应在原自然光照的基础上增加3小时左右。此后，再使光照逐渐增加至产蛋期的16小时。

在遮黑式鸡舍中，光刺激应在19~20周龄进行。光照由8小时增至14小时。此后，再使光照逐渐增加至产蛋期的16小时。

不论在何种鸡舍，在20~21周龄光照时间应为14小时，达到16小时的最长光照应根据具体情况在22~24周龄进行。光照强度应为15～22勒克斯（3.5瓦/米^2），AA公司的建议光照强度为30勒克斯。

此时的光照应注意：当鸡群从育成舍转到产蛋鸡舍时一定不要减少光照强度；体重也是影响性成熟的重要因素，在体重达不到标准时切不可增加光照时间或强度，以防使鸡早衰；在特别炎热的天气，将补充光照的时间安排在一天较凉爽的时候，可在早晨补充，这样有利于鸡只采食和休息。

3. 饲料营养

育成期饲料中粗蛋白质含量应低于育雏和产蛋期，为14%～15%。此阶段须通过采用低水平的营养来控制鸡的早熟、早产和体重过大，这对于以后产蛋量、产蛋持久性有好处。否则过早开产对鸡的健康不利，鸡体重小、蛋重小，产蛋高峰推迟，且持续时间短，所产的蛋受精率、孵化率比较低。育成期矿物质含量要充足，钙磷比例应保持在（1.2～1.5）：1。同时，饲料中各种维生素及微量元素比例要适当。育成阶段食槽要充足，每日喂饲4次，饮水槽要每天清洗，经常消毒。为改善育成鸡的消化机能，地面平养每100只鸡每周喂沙砾0.2～0.3千克，笼养可按饲料的0.5%喂给。

4. 限制饲养

育成阶段体重过大，会使鸡成熟过早，成年后体重相应增大，产蛋减少。为了控制体重，养鸡者有意识的控制喂料量，并限制日粮中的能量和蛋白质水平，这种饲养方法叫做限制饲养。

（1）限制饲养的目的和作用　包括控制生长速度，防止性成熟过早，提高种用价值，减少腹内脂肪含量，降低产蛋期死亡淘汰率。

①控制生长速度和体重，使种鸡的体重符合品种标准。肉用

种鸡具有、采食量大、生长速度快，易沉积体脂的特点。如果任其自由采食，20 周龄鸡的体重可达 3.6 千克（标准体重为 2 千克），不仅饲料消耗量大，而且鸡体过肥，超重过多，必然使母鸡产蛋量减少，种蛋合格率降低。公鸡超重则会使腿病增多，配种困难，受精率降低。

②防止性成熟过早，提高种用价值。性成熟过早、过晚对肉用种鸡都不利。要想使种鸡适时开产，除了品种遗传特性外，控制光照和限制饲养也是有效措施。

③减少腹内脂肪含量，降低产蛋期死亡淘汰率。在不影响鸡生殖系统正常发育的前提下，强行限制饲养，以控制母鸡体重使在最适宜的年龄和最适宜的体重开产，以达到最佳的生产水平和经济效益。生产实践证明，腹部内脂肪少的鸡在产蛋期发生脱肛、难产、死亡的情况较少，因而产蛋期的死亡淘汰率大大降低。

（2）限制饲养的方法　限制饲养有限时、限量、限质等多种方法。

①限时：每天限时饲喂，限定时间内喂料，其他时间取走或盖上、吊起料槽。隔日限饲，第 1 天喂料，第 2 天不喂料，喂料日把 2 天的料放在一天中喂给，停料日只给饮水。每周喂 5 停 2，一般在周三（或周四）和周日 2 天不喂料。1 周喂 6 天，一般在周日停料 1 天。

②限量：每天每只的喂料量减少到充分采食量的 70% ~ 75%，采用这种方法必须先掌握鸡的正常采食量和数量，而且每天的喂料总量应该正确地称量。本法要求饲料质量较高，营养齐全，否则因质差量少而使鸡群生长受阻。

③限质：使日粮中的某种营养成分低于正常水平，达到限饲

的目的。限质法由于饲料消耗增加，对饲料资源是一种浪费。还易使鸡患营养缺乏症和代谢病，影响鸡群健康，故不常用。限质法常采用低能量、低蛋白质或低赖氨酸饲料。

低能日粮是使日粮中的能量低于正常 15% ~20%，此方法现已较少使用，因为低能日粮可使鸡采食量增加，使成本升高。

育成期日粮中含粗蛋白质一般为 12% ~15%，而低蛋白质日粮只含 9% ~11% 粗蛋白质。要注意粗蛋白质限制饲喂时，育成鸡每只每日蛋白质摄入量不可过低，尤其在 12 ~18 周龄期间，每天应给 7.5 ~9 克蛋白质，否则将影响产蛋后期的产蛋性能。

实际生产中，多采用限量和限时相结合的方法进行限饲。如 AA 肉用种鸡公、母鸡 1 ~24 周龄的标准体重及限饲计划（每日限饲量/100 只）分别参见表 3 -5 和表 3 -6。25 周龄后和不同季节（顺季、逆季）的限饲计划见相应品种的肉用种鸡饲养手册。

表 3 -5　AA 肉用种公鸡的标准体重及限饲计划（100 只饲料量）

周龄	标准体重（千克）	每日限饲量（千克）	限饲法轮替计划（千克）		累计饲料量（千克）
1		自由采食	每天饲喂	自由采食	
2		自由采食	每天饲喂	自由采食	
3		自由采食	每天饲喂	自由采食	
4	0.54 ~0.60	5.8	每天饲喂	5.8	102.9
5	0.68 ~0.74	6.7	每天饲喂	6.7	149.9
6	0.82 ~0.87	7.4	每天饲喂	7.4	201.3
7	0.94 ~1.01	7.5	每天饲喂	15.1	254.0
8	1.08 ~1.15	8.2	每天饲喂	16.3	311.2
9	1.21 ~1.30	8.5	每天饲喂	17.1	370.9

（续表）

周龄	标准体重（千克）	每日限饲量（千克）	限饲法轮替计划（千克）		累计饲料量（千克）
10	1.34～1.44	8.9	每天饲喂	17.9	433.5
11	1.47～1.59	9.2	每天饲喂	18.4	498.0
12	1.62～1.72	9.6	每天饲喂	19.3	565.6
13	1.74～1.87	10.0	喂2天限1天	15.0	635.5
14	1.89～2.00	10.4	喂2天限1天	15.5	707.9
15	2.01～2.14	10.7	喂2天限1天	16.1	782.8
16	2.15～2.28	11.0	喂2天限1天	16.6	860.0
17	2.28～2.42	11.4	喂2天限1天	17.2	940.1
18	2.42～2.56	11.7	喂2天限1天	17.6	1 022.3
19	2.55～2.70	12.1	喂2天限3天	18.2	1 107.1
20	2.68～2.83	12.3	喂5天限3天	17.2	1 193.2
21	2.81～2.98	12.7	喂5天限3天	17.8	1 282.1
22	2.95～3.11	13.0	喂5天限3天	18.2	1 373.3
23	3.09～3.26	13.2	喂5天限3天	18.6	1 466.0
24	3.21～3.39	13.6	每天饲喂	13.6	1 561.3

注：公鸡的标准体重10月份到次年3月份孵化的种公雏

表3－6　AA肉用种母鸡的标准体重及限饲计划（100只饲料量）

周龄	标准体重（千克）	每日限饲量（千克）	限饲法轮替计划（千克）		累计饲料量（千克）
1		自由采食	每天饲喂	自由采食	
2		自由采食	每天饲喂	自由采食	
3		自由采食	每天饲喂	自由采食	
4	0.45～0.50	4.9	每天饲喂	4.9	85.7
5	0.50～0.62	5.7	每天饲喂	5.7	125.7
6	0.67～0.74	6.2	每天饲喂	6.2	169.2

（续表）

周龄	标准体重（千克）	每日限饲量（千克）	限饲法轮替计划（千克）		累计饲料量（千克）
7	0.78～0.84	6.4	每天饲喂	12.8	216.0
8	0.89～0.95	6.8	每天饲喂	13.5	263.3
9	0.99～1.06	7.0	每天饲喂	14.1	312.6
10	1.10～1.17	7.4	每天饲喂	14.7	364.0
11	1.20～1.28	7.6	每天饲喂	15.2	417.1
12	1.31～1.39	7.8	喂2天限1天	11.8	472.6
13	1.42～1.51	8.2	喂2天限1天	12.3	529.2
14	1.52～1.62	8.4	喂2天限1天	12.6	587.9
15	1.63～1.73	8.7	喂2天限1天	13.0	648.6
16	1.74～1.84	8.9	喂2天限1天	13.3	710.8
17	1.85～1.95	9.2	喂2天限1天	13.8	775.3
18	1.95～2.06	9.4	喂2天限1天	14.2	841.4
19	2.06～2.17	9.7	喂2天限3天	14.6	909.3
20	2.17～2.28	9.9	喂5天限3天	13.9	978.9
21	2.27～2.40	10.2	喂5天限3天	14.3	1 050.4
22	2.38～2.50	10.5	喂5天限3天	14.7	1 123.7
23	2.40～2.61	10.7	喂5天限3天	15.0	1 193.7
24	2.59～2.73	10.9	每天饲喂	10.9	1 275.2

注：母鸡的标准体重是指4～9月份所孵化的种母雏

（3）限制饲喂注意事项　投料时，最好能使所有的鸡同时采食。如机械送料，可采用高速送料法，以使鸡均匀采食。每周末，在固定时间，随机抽取鸡群的5%～10%空腹称重，如体重超过标准，则下周停止增加料，如体重低于标准，则加大给料量，增加幅度视具体情况而定，但不可过大。在限饲前，必须严格挑出病、弱鸡，淘汰或单独饲养。限饲进行中，如鸡群发病或处于其他应激状态，应停止限饲，改为自由采食。限饲要做到日粮的营养平衡，否则达不到应有的效果。如此阶段营养不良，将会出现体重增长不足；蛋重增加缓慢；产蛋数低于标准。

5. 控制肉种母鸡整齐度

均匀度主要指体重、性成熟和免疫力均匀度3个方面，生产中三者缺一不可。

体重均匀度要从小抓起，加强育雏、育成期的管理，每周末体重应基本符合标准体重，保证每周有恰当的增重幅度，体重波动不宜过大。确定料量应结合周末体重、净增重、体况、饲料的营养水平和舍内温度等进行，料量呈梯度增加，总料量不得长期不变更，不能降低，体重只能升不能降。鸡群的均匀度应在16周龄前得到控制，通常体重均匀度在75%～80%为最低标准，80%～85%以上为优秀鸡群。

遵循的基本原则如下。

①加强育雏期的管理。防止雏鸡早期感染疾病，以使其从育雏开始即能健康生长并得到充分发育，获得健壮的体况，为均匀度的提高打下良好基础。

②有足够的采食、饮水位置和快捷的送料速度。不管采取哪种饲养方式，自始至终应有足够的采食、饮水位置。上料则要做到快、匀，采食过程中保证供水，以保证每只鸡都能采食到应吃的饲料。

③准确称测体重。从鸡舍不同位置随机抽取5%～10%的鸡只称重（每小组不少于50只）。称重频率：育雏育成每2周一次，开产至40周龄每2周一次，以后每4周一次。称重时间：每日限饲者，于下周一投料前空腹称重；隔日限饲则于某一停料日

称量，每次称重时间要相对固定。量具选择：所用量具的感量一般以10或20克为宜。均匀度计算：一是要计算样本平均体重±10%均匀度和标准差；二是品种标准体重±10%均匀度，同时求其标准差和变异系数，以便分析鸡体重的达标程度及整齐度。如果样本的均匀度较差，则要全群称重并按大小分群，通常可于第6、8、12、16周末各进行一次。注意抽样鸡只要具有代表性并能真正反映群体水平，不可舍弃大鸡或小鸡。

④确定限饲方案。生产中应采取综合限饲方案并灵活应用各限饲方法。通常1周龄自由采食，2周龄定量饲喂，3~6周龄每日限饲，7~11周龄使鸡只体重在标准体重允许范围内逐渐向其下限靠近，12~15周龄鸡只可沿标准体重的下限缓慢增长，16~20周龄再逐渐升到中限水平，至24周龄可达最高体重。光控式育成鸡舍母鸡的体重目标可采用标准体重的下限，如属开放式鸡舍且又在日照逐渐缩短的季节进入产蛋期，其体重应保持在标准体重的上限，反之则维持在下限水平。

⑤及时分群并适当给料。在确定限饲方案的同时就应已预先定出了各周龄的大致喂料量，但实际饲喂量应依具体情况而调整。如上周末体重超标，可继续使用上周料量或在本周料量的基础上酌减增料幅度；体重在标准范围内的鸡只则仍执行原给料计划；如体重达不到标准，可提前使用下周料量或在本用料量的基础上再增加1~3克。

每周都应结合上周末称重情况，结合手摸、目测等将鸡群至少分成大、中、小3个小区，体重过大过小的部分鸡只应再细分2~3个小群，并喂给不同的料量。挑鸡分群应坚持每周进行，16周龄后，分群不应再单纯依体重大小为依据，还要观其冠，肉垂的发育及体况来进行，以使体重偏小、发育差的鸡只在开产前逐步赶上去。

公母分栏或分饲：由于公母生长速度和性成熟时间不同，分饲有利于准确地分别公母和控制鸡的体重，并使性成熟同步化，还可有效地防止公鸡腿病，提高受精率。

⑥保证合适的增料、增重幅度。育雏育成期的增料应有适当梯度，6 周龄每只每周增料幅度为 3 ~ 4 克，6 ~ 15 周龄每只每周增料 4 ~6 克，16 周龄后每只为 6 ~ 10 克，24 周龄群不掉体重。转为每日饲喂，可在 22 ~ 24 周龄开始，但必须按饲喂制度进行。

6. 垫料管理

垫料要求干净。无土块、铁丝、石块等杂物。垫料厚度保持在 7 ~ 10 厘米。要注意保持垫料松散、不潮湿、不结块。除鸡舍正常通风外，每天需翻动垫料 2 次，及时清除潮湿结块的垫料。要经常翻晒和消毒垫料，定期更换垫料。垫料过干时，要给垫料直接洒水加湿。垫料上的鸡毛要每 2 天清扫 1 次。

（二）预产期（18 ~ 23 周龄）的饲养管理

1. 适时转群

肉用种鸡在开产前 2 ~ 3 周，应在育成舍转入产蛋舍，但育雏、育雏和产蛋同舍饲喂的不存在转群。转群时间可根据具体情况而定。早的可在 20 周龄，晚的可在 22 周龄。在种鸡开产前将其提前转入产蛋鸡舍，种鸡可以有足够的时间适应新的环境；且减少环境变化给鸡只带来的应激。转群前，要准备充足的饮水和饲料。对于正处在限饲阶段的鸡群，应在转群前 48 小时改为自由采食。在转群前半天，应停止加料，以便转群时料桶内不剩料，转群时应尽量减少应激。在炎热夏季，转群应安排在早晚或夜间进行。寒冷季节应避免鸡只受寒，应安排在晴天午后转群。抓鸡动作要轻快，先从鸡的后部抓住一只腿的胫部，然后两腿并在一起，用手握住胫部提起，不可抓翅、颈，更不可用钩子钩鸡。

2. 预产期的关照

适当光照是控制肉种鸡开产和达到最大量合格种蛋数和蛋重的基础。改变光照时间和强度对性成熟和产蛋量有较大的影响。

开放式鸡舍中，顺季鸡群一般应于20周龄末开始光刺激，光照应在原自然光照的基础上增加2～2.5小时，以增加光照的刺激作用；逆季鸡群在18周龄末时应给予14小时的光照，光照应在原自然光照的基础上增加3小时左右。此后，再使光照逐渐增加至产蛋期的16小时。

在遮黑式鸡舍中，光刺激应在19～20周龄进行。光照由8小时增至14小时。此后，再使光照逐渐增加至产蛋期的16小时。

不论在何种鸡舍。在20～21周龄光照时间应为14小时，达到16小时的最长光照应根据具体情况在22～24周龄进行。光照强度应为15～22勒克斯（3.5瓦/米^2），AA公司的建议光照强度为30勒克斯。

此时的光照应注意：当鸡群从育成舍转到产蛋鸡舍时一定不要减少光照强度；体重也是影响性成熟的重要因素，在体重达不到标准时切不可增加光照时间或强度，以防使鸡早衰；在特别炎热的天气，将补充光照的时间安排在一天较凉爽的时候，可在早晨补充，这样有利于鸡只采食和休息。

3. 预产期饲料的过渡

调整日粮应与光照的逐步增加密切配合。一般在增加光照1周后改换日粮，即由生长料逐渐过渡为产蛋料。如果在整个饲养期不喂给预产料，则不必划分此期。不用预产料者，20周龄以前为育成期，从21周龄开始为产蛋期。

使用预产料的肉种鸡，预产期一般定为18～23周龄。从18～19周龄开始，种母鸡逐渐性成熟，肝脏和生殖器官迅速发育，钙的贮备和体重也在增加。因此，此阶段也是关系肉种鸡产蛋率等生产性能的重要时期。

本期饲料的营养水平要高于育成期和产蛋期，与育雏期相当。充足的营养是保证此时鸡群正常生长发育和为产蛋做好物质贮备的必要条件。如果鸡群体重低于标准时，使用预产料则更能体现出优越性；若不使用预产料，还可以通过增加育成或产蛋料的采食量来促进鸡只生长。

此期肉种母鸡的整齐度可能下降，但不可过分强调体重和整齐度。低于推荐标准的鸡要适当多增料，高于标准的鸡绝对不可减料，可在原给料基础上少增料或不增料。因为此时的营养绝大部分用于生殖器官的发育，一旦减料，就会影响其将来的生产性能。在20周龄前，应继续采用限制饲养。若有可能，至少当鸡群产蛋率达1%时，转喂产蛋料并改为每日饲喂。在20周龄后，每日饲料供给量必须很快增加。

公、母鸡吃不同的饲料，实行公、母种鸡分饲，母鸡饲槽或料桶应安装栅格。一般父母代种母鸡的间隙为42.5～43毫米，以防止公鸡采食母鸡饲料。公鸡料桶要吊高一些，使母鸡够不到。

此时，鸡群可能被转到产蛋鸡舍，改喂产蛋鸡日粮，并从限制饲养改为每日饲喂。改变限饲方法，从第22～24周龄起，改限制饲养方法为每日限饲，以减少鸡只的应激和稳定鸡只的新陈代谢。从20～23周龄开始，限饲的同时，将生长料转换为产蛋前期料（含钙量2%，其他营养成分与产蛋料相同）。在转群前一天给鸡群喂2倍量的饲料，以保证鸡群不掉体重。转为每日饲喂可在22～24周龄开始，但必须按饲喂制度进行：20～24周龄，因母鸡转舍、更换饲料、抗体监测、预防接种、白痢检疫、支原体监测、选择淘汰，甚至修喙和清点鸡数等各种产蛋前的准备工作都要完成。此时，鸡受的应激大，要加强饲养管理，以减少应激。

4. 训练使用产蛋箱

在开产前的第3～4周，有些鸡就开始寻找适于产蛋的处所，愈是临近开产找得愈勤。尤其是快要下蛋的母鸡，找窝表现得更为神经质。因此，提早安置好产蛋箱和训练母鸡进产箱内产蛋是一项重要工作。

为吸引母鸡在箱内产蛋，产蛋箱要放在光线较暗且通风良好、僻静的地方。垫料要松软，发现污染就更换。为防止或减少鸡产窝外蛋，如见有伏地产蛋者，就要设法令其进箱，要求饲养人员耐心细致，不厌其烦地训练；否则，破蛋、脏蛋和窝外蛋都会增多。要在鸡群转入产蛋舍之前安装产蛋箱。产蛋箱要排列均匀，放置平稳。将消毒好的塑胶垫（假垫草）放入产蛋窝内。从此，每周训练鸡只进出产蛋箱。

方法是，早上上班后打开产蛋箱门，傍晚下班前将产蛋箱内的鸡只赶出并关闭产蛋箱，防止种鸡在窝内过夜。每周清理塑胶垫上的粪便一次，见到第一枚种蛋后，将5～7天的种蛋都放入产蛋箱，吸引种母鸡进入。每小时要在鸡舍内走动一次，驱动墙边和角落散卧的母鸡，防止在产蛋箱外产蛋，同时捡拾窝外蛋，最后一次捡蛋后，移出所有母鸡并关闭产蛋箱，防止鸡扒窝，也可减少粪便污染窝内垫料；天黑后将产蛋箱打开，以便翌日天一亮时鸡只进入。如果是机械式产蛋箱，在通常收集种蛋的时间运转集蛋带，使鸡群熟悉该系统，不至于在正式产蛋时造成太大的应激。

三、繁殖期（产蛋期）的饲养管理

产蛋期是从23周龄至淘汰，肉种鸡一般在66周龄淘汰。如果不用预产料（也叫产前料），应在23周龄换成产蛋料；如果用预产料，可在24周龄换料。肉种鸡的正常开产周龄在23～24周龄，鸡群产第一枚蛋称为见蛋，产蛋率达到5%称为开产。

由于种鸡的饲养目的是获得数量尽可能多的合格受精蛋，所以，从开产到高峰这段时期的营养供给和饲养管理尤为重要，一旦鸡群受到应激，产蛋率就会下降，且无论如何补救，也恢复不到预期的正常水平，致使整个饲养期效益降低。

（一）饲喂

一般23～24周龄开产鸡数可达5%，27～28周龄时产蛋率应达50%，这个阶段的喂料量要参考所养品种规定的标准进行，同时也要随着产蛋率上升快慢而适当地增加喂料量。表3－7数据可作为肉用种鸡产蛋期的饲喂量参考指标（适宜温度下）。

在正常情况下，产蛋率到10%以后，每天产蛋率会增加3%（遮黑式鸡舍中，产蛋率每天可上升4%～5%），直到产蛋率到70%。此期间如果产蛋率有3～4天不上升（若无其他原因），则应每只鸡按标准用量再增加8～9克饲料。产蛋高峰期为29～36周龄。

育种公司建议：喂料量的增加要早于产蛋率的增长，通常在鸡群产蛋率达到30%～40%时，给予高峰喂料量。如果鸡群产蛋率每天上升4%～5%，则须提早喂高峰饲料，反之，如上升缓慢，则应该推迟饲喂高峰料量。应注意：如果喂料量不够，鸡群就不会达到产蛋高峰（表3－7）。

表 3-7　肉用种鸡产蛋期的饲喂量参考标准

产蛋周次	日产蛋率（%）	日耗料量（千克/100 只鸡）	体重（千克）
1	5	9.5	2.5
2	24	10.9	2.5
3	50	13.2	2.6
4	72	13.6	2.7
5	86	15.0	2.7
6	87	15.9	2.7
7	86	15.9	2.8
8	84	15.9	2.8
9	83	15.4	2.8
10	82	15.0	2.9
11	80	15.0	2.9
12	79	14.6	2.9
13	78	14.6	3.0
14	77	14.1	3.0
15	76	14.1	3.0
16	75	14.1	3.0
17	74	14.1	3.0
18	73	13.6	3.0
19	72	13.6	3.0
20	71	13.6	3.0
21	70	13.6	3.1
22	69	13.6	3.1
23	67	13.2	3.1
24	66	13.2	3.1

（续表）

产蛋周次	日产蛋率（%）	日耗料量（千克/100只鸡）	体重（千克）
25	65	13.2	3.1
26	64	13.2	3.1
27	63	13.2	3.1
28	62	13.2	3.1
29	61	13.2	3.1
30	60	13.2	3.1
31	59	13.2	3.2
32	58	13.2	3.2
33	57	13.2	3.2
34	56	23.7	3.2
35	55	12.7	3.2
36	54	12.7	3.2
37	53	12.7	3.2
38	52	12.7	3.3
39	51	12.7	3.3
40	50	12.7	3.3

试探性喂饲法：此法对发挥产蛋潜力和防止产蛋母鸡过肥颇为有效。方法是：当产蛋率上升停滞和产蛋率下降过速时，每只鸡增加10克饲料，第4天观察产蛋是否上升或减慢下降速度，若有反应，则应考虑增加喂量；若无反应，应立即停止加料。在产蛋量下降阶段，当产蛋率下降时，可用减料方法来试探，每只鸡减料0.25克/天，到第4天若没有加速产蛋量下降反应，则可以适当减料，若有加速反应，则应立即停止减料。

此外，应控制种公鸡体重，否则影响配种能力。种母鸡产蛋率下降到30%时就应淘汰，淘汰是以产蛋量下降为依据，为使产蛋量下降缓慢，也可在淘汰前4周增加光照1小时。

产蛋高峰后的减料：产蛋高峰过后，产蛋量逐渐下降，鸡只体重继续增长，但增长速度大大降低，此时应酌情减料。在每周产蛋率下降不足1%时，不减料。如产蛋量在连续2周内下降1%或1%以上时，每周应减料0.5～1克/（只·天）。每次减料后的3～4天里，应仔细计算其产蛋量，如产蛋量下降正常（每周1%），可继续减料。如产蛋量超过1%，无论何种原因，都应立刻恢复原有的料量饲喂。

影响鸡群采食量的因素：产蛋率，饲料质量、组成、氨基酸和能量水平，气温和气候条件，鸡舍种类（指开放式、封闭式、半开放式），饲养方式，鸡群健康情况和体质，鸡群平均体重和整齐度等。

（二）环境控制

1. 温度和湿度

理想的温度为15～25℃，相对湿度为55%～65%。

2. 通风换气

产蛋鸡呼吸量大，采食量大，排泄多。如不加强通风换气，鸡舍内空气污浊，氨气味浓，容易导致产蛋率和受精率下降，引发疾病，夏季通风换气量可达7米^3/小时。

3. 光照管理

产蛋期正确使用光照，可提高种母鸡产蛋量。光照刺激在母鸡产蛋高峰期间尤为重要。有规律地增加光照，可刺激母鸡平稳达到产蛋高峰。产蛋高峰到达后的光照时间应该恒定，一般16小时左右。开放式或半开放式鸡舍，多采用自然光照，光照不足部分由人工补给。增加光照是一个渐进的过程，不能一次补足。春夏雏的生长后期处于自然光照较短时期，应从23周龄开始每周增加0.5～1小时，到产蛋高峰前1周增加到16小时。以后保持这一光照时间，到产蛋期的最后4周或淘汰前4周，再增加1小时光照，为的是进一步刺激产蛋。对于生长期恒定光照在14～15小时的鸡群，到产蛋期时可恒定在此水平不变，或渐增到16小时为止。产蛋期的光照时间和强度要保持恒定，不能轻易变更。光照的随意变更会引起产蛋量的波动或骤减。光照的恒定不仅指光照时间总量的恒定，还包括补充光照时开灯和闭灯的时间点，光照总是维持在16小时，但给光和闭光的时间点改变，也会引起产蛋量的变化以及产蛋时间的推迟或提前。高峰期间产蛋率一旦下降，就很难再恢复到原来的水平。实践证明，在生长期光照合理，产蛋期光照渐增或不变，光照时间不少于14～15小时的鸡群，其产蛋效果较好。

从生长期的光照控制转向产蛋期的光照，应注意以下2个方面：第一，改变光照方式时的周龄。如母鸡在23周龄时产蛋率为5%，那么，应该在母鸡开产前4周作第一次较大的增加光照。产蛋期的光照时间必须在产蛋光照临界值11～12小时以上，最低应达到13小时，并逐渐达到正常产蛋的光照时间14～16小时后恒定之。光照最长的时间16小时应在产蛋高峰（30～32周龄）前1周达到为好。第二，产蛋期光照方式的转变，必须从生长期的光照方式正确地转变成产蛋期的光照方式。

光照的原则：第一，育成期间或在其后期，每天总的光照时间决不可延长；第二，在产蛋期每天总的光照时间决不可缩短。

光照管理的注意事项：第一，光照管理制度应从雏鸡开始，最迟也应在7周龄开始，不得半途而废，否则，达不到预期效果。第二，产量期间增加光照时间，应逐渐进行。尤其在开始时最多不能超过 1 小时，以免突然增加长光照而致脱肛。第三，补充光照的电源要可靠，停电时应有应急措施；否则，由于停电而造成光照时间忽长忽短，使鸡体生理机能受到干扰而最终导致减产。第四，要保持灯泡的清洁，经常擦拭灯泡和灯罩，及时更换损坏的灯泡。脏灯泡的光照强度减低 1/3 ~1/2。第五，灯泡之间的距离应是灯泡与鸡水平面之间距离的 1.5 倍。如果鸡舍内有多排灯泡，灯泡的位置应交错分布，使光照强度均匀一致。

（三）提高种蛋受精率

肉用种鸡受精率普通较低，其主要原因是公鸡体重偏大和母鸡过肥，整齐度不好，这也是限饲不当的结果。公鸡过肥，不爱活动，行动迟缓，性欲减退，配种能力差，精液品质差，同时体重越大越容易发生腿病，给交配带来困难。人工采精时公鸡过肥，性反射冷漠，采不出精液或精液很少。随着鸡龄的增大，这种情况会愈加严重。倘若公鸡太小、体重相差悬殊，交配时也很难成功，即使公母搭配比例合适，受精率也不会太高。如果公鸡没有断趾或断趾不当，在交配时就会抓伤母鸡脊背，引起母鸡疼痛因而拒绝交配，也是造成受精率低的原因。

提高种鸡受精率的办法，除正确的限饲、严格控制体重和防止腿部的疾病发生之外，还可采取如下措施：地面厚垫草养鸡撒布谷粒于垫草上任其自由啄食；网上养鸡可悬吊青菜，以促进其活动，增强体质。没有断过趾的公鸡要进行断趾和断距，对于断过趾又重新长出的趾、距，要再次切断。加大公鸡数量，以公母比例不低于 1∶8。产蛋 5 ~6 个月后更换年轻公鸡以代替老龄公鸡，但青年公鸡往往害怕母鸡。剪去母鸡的尾羽和肛门周围的羽毛；同时也剪去公鸡肛门周围的羽毛，以利于交配。增加日粮中维生素A、维生素E的供给量。

四、肉用种公鸡的饲养技术

种用公鸡饲养的好坏不但直接影响到当批次的种蛋受精率，而且还影响到商品代肉鸡的生长性能。因为肉鸡的生长速度和饲料转化率60%左右来自于种鸡的遗传，环境、饲料质量、管理水平、水、光等因素的影响为40%左右。

种公鸡性成熟良好的标志是：腿长平胸，羽毛有光泽。鸡冠红润，目光明亮有神，行动灵活敏捷，叫声洪亮，睾丸发育良好，体重比母鸡重30%～35%，行动时应龙骨与地面呈45°角。这是肉种公鸡的饲养目标。

育种趋势是选择大腿肌发达和生长快的商品代肉鸡，而这些性状与受精率呈负相关。所以，提高受精率为目标的种公鸡饲养方法，是肉鸡业发展的必然趋势。公、母分开育雏育成，产蛋期混群后公、母分开饲喂，并供给不同的饲料都成了现时必要的管理办法。

（一）育雏期的饲养管理

1．种公鸡与种母鸡最好分开饲养

种雏回场之后，即将公、母雏分开育雏，先饮水1～2小时，再给料。育雏期让公鸡自由采食到4周龄末，使其获得健壮的骨架和体格，对以后获得较高的受精率很重要。如果育雏末体重达不到标准，可推迟换育成料。

2．种公鸡的断喙、断趾、剪冠

人工授精的鸡在笼养环境下，易诱发啄癖，要断喙。自然交配的公鸡虽可不断喙，但须断去内侧二趾。一些品种公鸡的冠大，遮挡视线，往往影响采食、饮水、交配，运动等，并且也容易被笼具等划伤，要剪冠。

3. 种公鸡的第1次选留

6周龄末时对公鸡进行15%的抽样称重。先淘汰次劣鸡。决定留汰的第一标准是体重，达平均体重上限的公鸡，逐只选择。6周龄末，选取下来的公鸡平均体重应比母鸡平均体重高出40%～50%，留下相当于母鸡数15%的公鸡，多余的淘汰。

（二）育成期的饲养管理

种公鸡在育成期（7～26周龄）的管理相对轻松一些。

1. 抽样称重

从6周龄末开始抽样称重，并每周末同一时间进行。用料不宜时多时少，否则容易引起啄癖。目标是在25周龄时使种公鸡的平均体重比母鸡重30%，且健康强壮，性成熟表现良好。

2. 光照

建议种鸡采取遮黑饲养，能促使性成熟一致，提高生产性能。公鸡遮黑饲养还能有效防止公鸡打斗，避免造成不必要的损失。

3. 限饲

种公鸡在育雏期的饲养应充分利用其生长规律，让其自由采食，从6周龄开始限饲，减缓生长速度，以期在12周龄左右回到体重标准。为了保证育成公鸡的体重均匀一致，要提供充足的料位，使全部公鸡都能够同时吃到料，且需迅速均匀上料。在不同时期采用适当的限饲方式，喂料方式与母鸡同，即可以采用隔日限饲，喂2天停1天；也可采用每周喂5天停2天等限饲方式，目的是便于公、母鸡的饲养管理和提高公鸡的均匀度。

4. 第2次选种

在20周龄最迟22周龄时对公鸡进行第2次选留，公母鸡的比例应为12.5：100，公鸡数以不超过母鸡的13%为宜。选择符合种用特征的公鸡，标准是：品种纯正，体质健壮；性征明显、冠髯鲜红；断喙或断趾整齐良好；腿、脚趾直；背不弯，龙骨直。

22周龄时进行公母混群，按母鸡数的10%配入。在混群饲养之前，每只公鸡都必须达到性成熟。有的鸡场则在10日龄前混群，以便于鸡群建立起正常的秩序，减少啄伤和打斗。

5. 关注公鸡腿病

常见的公鸡腿病有葡萄球菌病、病毒性关节炎等。其中主要是创伤引起的葡萄球菌性关节炎，该是种鸡育成期的多发病之一，预防此病可采取加强饲养管理，减少应激，消除一切可能外伤因素；加强垫料管理，垫料不宜过湿、板结、过硬或含有尖锐物；严格管理棚架，随时调整料线、水线（彩图6）高度；接种疫苗时，严格消毒注射器、接种针，每50～100只鸡更换1个针头，严禁用1个针头接种到底。

（三）产蛋期的饲养管理

肉用种公鸡须具备体格健壮、体重适中、配种能力强等特点。因此，严格控制种公鸡的体重，使其在20周龄体重高于母鸡20%左右，可以保持产蛋期种蛋较高的受精率和孵化率。

1. 公鸡的选择

20周龄时，每100只母鸡应配给10～12只公鸡。此时，选择的公鸡必须健康、性机能发育良好、体重及体型适中。当鸡群产蛋率达5%时，公鸡体重3.4～3.5千克，体重均匀度在90%以上。淘汰腿、爪发育不良的公鸡。在捕捉公鸡时，一定要同时抓住两条腿，防止腿受伤，影响配种。

2. 公母分饲

产蛋期公鸡消耗的饲料比母鸡少，与母鸡同时吃料，公鸡通常会超重，影响种蛋受精率。因此，必须采取产蛋期公母分饲，即混养而公母分开给料。

当母鸡产蛋到第4产蛋周时，开始公母分饲。公母分饲可控制公鸡体重。在繁殖期如果公母种鸡混养，同槽采食，则对公鸡的喂料量和体重很难控制。特别是27~28周龄的母鸡开始使用了最大料量后，公鸡很快过肥超重。超重笨拙的公鸡交配困难，并易发生脚趾瘤、腿病，受精率下降。

现在普遍采用的公母分饲方法是：在母鸡料线上安装限饲栅栏，栅栏格与格之间宽度为4.2厘米左右。这样在大约27周龄以后，公鸡头大伸不进去而只好在专为公鸡设置料盘（桶）中采食。公鸡料盘的高度一般距地面约45厘米，以母鸡够不到为度。

3. 营养需求

繁殖期种公鸡的营养需求也与母鸡有很大的不同。此期，种公鸡不需要与母鸡一样的高蛋白质高钙饲料，用母鸡料是一种浪费，并且其中的高钙对种公鸡正常生理代谢来说也是不小的负担。公鸡在繁殖期内饲喂的日粮，蛋白质、能量、钙水平要求相对较低，只要氨基酸平衡，粗蛋白质仅需12%~14%，钙在0.85%~0.9%。

五、肉种鸡人工授精技术及注意事项

鸡人工授精的意义在于：一是可以减少公鸡的饲养量，降低生产成本。人工授精的公母鸡比例一般为1：（20~30），高的可达1：50，而自然交配的公母比例一般为1：10；二是人工授精改变了种母鸡的饲养方式。种母鸡可以饲养在鸡笼中，提高饲养密度，减少鸡蛋污染，有利于母鸡生产性能的发挥。另外，人工授精可以通过更换公鸡改变产品的类型，老母鸡使用新公鸡提高受精率，而这些在自然交配时很难做到。

（一）精液的采集

1. 公鸡训练

采精前，要训练公鸡。一般25周龄左右，公鸡就可以进行采精按摩训练。训练可在下午进行，用右手握住公鸡双腿，使公鸡头朝左手，用左手轻轻而迅速地由腹部向耻骨方向按摩，使公鸡产生反射，尾部翘起，然后用左手翻至公鸡的泄殖腔部稍加挤压，公鸡便会射精。训练公鸡应每天一次或隔天一次，训练3~5次。首次训练的同时要将公鸡泄殖腔四周和尾部附近下垂的羽毛剪掉，以免影响采精和精液的收集。

2. 采精方法

目前，普遍采用背腹式或背式按摩采精法。开始训练时采用背腹式按摩法，即同时按摩背部和腹部才能采到精液；经过一段时间的训练，待条件反射建立后，单独按摩背部就可采到精液。一般分单人采精和双人采精法。

（1）单人采精法　采精员系上围裙，坐在椅子上，握住公鸡使头部朝左，用大腿夹住公鸡的双腿，用右手的中指和无名指夹住采精杯。用左手的大拇指和食指轻轻按摩公鸡背部的腰区，用右手大拇指和手掌由腹部向尾部按摩，经过几秒钟，公鸡翘起尾巴对按摩产生反应，生殖器勃起。此时，迅速用左手的拇指和食指挤压生殖器外侧的泄殖腔，将集精杯对准泄殖腔，收集精液。为避免公鸡排粪，采精前3小时对公鸡停水停料。

（2）双人采精法　一般是两人协同操作，一人负责将公鸡保定，一人负责采精。一般采用左手握住公鸡双腿，右手握住公鸡双翅，使公鸡头朝后，尾部朝前；采精员将经过消毒的集精杯夹在右手的中指和无名指之间，杯口向外（手背），左手大拇指和其余四指自然分开微弯曲，以掌面从公鸡的背部向尾部按摩数次，同时用右手自腹部向泄殖腔部轻轻按摩，几次后，公鸡出现性反射动作。尾羽向上翘，泄殖腔外翻，可见勃起的交配器。此时，左手顺势将尾羽拨向背侧，用左手拇指和食指迅速在泄殖腔上两侧柔软部位，向勃起的交配器轻轻挤压，乳白色的精液就从射精沟中流出，右手将集精杯放在交配器下缘，即可收集到精液，轻轻挤压交配器几次，直至射精沟中无精液流出为止。

3. 采精间隔

人工采精以每周3～5次较合适，公鸡经过48小时休息能恢复；或采精3天休息1天为宜，公鸡采精太频繁，精液稀薄，精子数量少，且精液中未成熟的精子较多，从而导致受精率下降。同时，由于采精过度，公鸡提前衰老，缩短利用年限。若采精间隔时间过长，精子会老化，精液中畸形精子数量的增加，不但使公鸡精液浪费，而且也会使受精能力下降。

4. 注意事项

种公鸡在采精前3小时应停止给食，防止采精时挤压生殖器时排出粪便，影响精液品质。采精人员要相对固定，不同采精人员的采精手势、按摩用力轻重不同，对公鸡的刺激不同，引起性反射的兴奋程度不同，采到的精液量也不同。公鸡形成固定的条件反射后，如果经常更换采精人员，会造成公鸡性反射紊乱，影响采精量。

采精手势要正确，动作应迅速。采精人员挤压露出交配器两侧时，用力要轻。如果用力过重，容易造成交配器受伤出血，并污染精液。若按摩挤压方式不正确，难以引起公鸡的性反射，采到的精液量很少。

采精时，公鸡泄殖腔周围只能用蘸有生理盐水或稀释液的棉球擦洗，千万不能用酒精棉球擦洗，酒精会将精子杀死，致使精液失去作用。

（二）精液处理

1．精液稀释

精液稀释是为了延长精液保存时间，保证精子活力，有利于掌握输精量和增加输精母鸡数。通常的稀释液有兽用生理盐水和人用0.5%葡萄糖生理盐水。生理盐水稀释只作短暂保存；长时间保存，必须用加营养物质的稀释液。稀释时，注意稀释液的温度和稀释比例。常温稀释，一般先将稀释液和精液放入相同温度的保温桶中，将稀释液缓缓倒入到精液中，轻轻转动，均匀混合，一般比例1：（1~2）。稀释后，最好于1小时内用完。常温稀释可以提高精液的输精量，而受精率效果与原精没有差异。低温或冷冻保存的稀释比例可以加大至1：（3~4），稀释液的渗透压需要提高。

稀释保存过的精液，输精后蛋的受精率基本接近原精液的输精效果。在生产条件下，种蛋受精率一般在90%~95%。精液稀释保存的操作技术程序如下：第1步，将稀释液的温度升到20~25℃，稀释液的配方为葡萄糖1.4克、柠檬酸钠1.4克、磷酸二氢钾0.36克、蒸馏水100毫升。第2步，将采得的新鲜精液用带刻度的玻璃吸管吸入试管中，注意不能吸入污物。第3步，另用吸管吸入与精液等量或加倍的稀释液，徐徐地进行充分混匀。第4步，如现稀释现用，即可进行输精；如需保存一段时间，则将混匀的精液倒入称量瓶中。第5步，将称量瓶放入小铁筒中，再转入0~5℃冰箱中或放入盛有1/3冰块的保温瓶中，盖上清洁的纱布，静止保存备用。使用保存过的稀释精液时，只需轻微混匀即可输精。

2. 精液保存

（1）常温保存　虽然鸡的体温41℃左右，公鸡精子在此温度下具有很高的活力，但高温易造成精子活动过旺，能量迅速消耗和活力下降。生产中常采用20～25℃的温度保存精液，即将盛有精液的集精杯放入盛有20～25℃水的保温瓶中作短暂保存。常温下精液保存时间不能过长，一般不超过1小时，保存时间过长会导致精子活力降低而影响孵化效果。因此，采精时要考虑输精的速度，不能采得过多，边采边输，输完后再采，尽量缩短精液暴露在外界的时间，保证精液的新鲜。1小时内没有用完应舍弃不用。冬季要有保温措施，夏季少采快输，以20分钟用完为宜。

（2）低温保存　为延长精子的存活时间，可以采用低温保存的方法。低温保存分低温冷藏和冷冻保存。

低温冷藏采用0～5℃的温度保存精液，保存24～48小时后输精对受精率影响不大。低温冷藏，可以采用缓慢降温和直接将精液置于冰中进行迅速降温，效果类似。

冷冻保存是用干冰或液氮将精液冷冻至－196℃保存。冷冻保存时间较长，但用之前需要进行解冻，技术要求较高。低温冷冻精液的保存方法有下面2种。

第1种方法：

①用按摩方法采精，放入15～20℃的集精杯内。

②采精后10分钟内，在室温下吸0.5毫升精液注入试管内，然后加入0.5毫升冷冻稀释液（成分为谷氨酸1.29克、纯D－果糖0.8克、醋酸氢二钾0.5克、纯硫酸鱼精蛋白0.032克、相对分子质量10 000的聚乙烯氮戊环酮0.3克、蒸馏水100毫升），精液和稀释液加入的先后顺序不受限制。

③将试管盖好，放在2～8℃冰箱中平衡40～60分钟。

④用微吸管吸入防冻剂N-二甲基乙酰胺0.08毫升，加入经过平衡的稀释精液中，盖好盖，小心摇匀，然后放在水平固定的晶体恒温室（-80℃）的圆形固定器上。

⑤以12~15转/分钟的速度使试管旋转，精液就均匀地贴冻在管壁上，经5分钟左右温度由-80℃升到-35℃时将试管取出。

⑥取出的试管立即放入盛液氮的容器中速冻，然后取出试管放入液氮罐中保存使用。

第2种方法：将采好的精液经稀释后放入冰箱中平衡，取出后加入防冻剂。用注射器吸取试管中的稀释精液直接注入盛液氮的槽内，精液就速冻成颗粒。将颗粒捞出，装进网袋内，放入液氮罐内保存待用。

冷冻精液的解冻方法：从液氮罐中把冻精取出，放在40~60℃的水浴锅中，经7~8秒即解冻。解冻后的精液用显微镜检查精子活力，如合格即可输精。输精量为0.2毫升，输精深度3厘米。初次要连续输精2天，然后每3天输精一次。如远离鸡舍或大量的母鸡需要输精时，应把解冻的精液放入2~8℃冰箱中，每过30~60秒各取0.1、0.3和0.6毫升冷却的稀释液加入试管中，把经稀释的精液，在2℃下用700转/分钟的速度离心10~15分钟，倒出沉淀液，补加0.3毫升的冷却的稀释液。把精液摇匀，活力检查，放入有冰的冰瓶中，盖上纱布。用这种方法处理的精液可在1小时内进行输精。

用上述方法冷冻和解冻，全过程均在室温下进行操作而无需冷冻室。这种冷冻技术能消除低温对精子细胞膜和化学键的破坏而产生的致死作用，从而保证得到稳定而满意的受精率。只要保存的温度稳定，存放2年的冷冻精液其受精率只下降1%~2%。

（三）输精方法

1．输精操作

输精一般2人一组，一人给母鸡翻肛，一人输精。翻肛人员用右手握住母鸡双腿置于笼门口，用左手在左腹部耻骨和胸骨后端之间按压，这时肛门张开，露出粉红色的输卵管，输精人员用输精管吸取一定量的精液（一般原精0.025毫升），垂直插入母鸡的输卵管中1～2厘米，挤压输精管将精液排入输卵管中。此时，翻肛人员也松开左手，去掉腹压，精液即进入输卵管中而不发生倒流。输精员拔出输精管，翻肛员再松开右手将母鸡放入笼内。由于母鸡泄殖腔内有4个开口，即直肠、2个输尿管和输卵管，翻肛时如用力过大，或施加腹压位置过右，会将4个开口同时翻出，造成喷粪现象。

2．输精时间

输精一般在下午3点大部分鸡蛋都产完以后进行，子宫内的硬壳蛋影响精子的运行。输精过早会影响鸡的产蛋，如果在产蛋前进行输精。产蛋时输卵管的收缩会影响输精的效果。为了提高受精率，第1次输精后，应于第2天再重复输精一次。

3．输精深度

输精管插入输卵管2.5～3厘米，太深或太浅都会影响受精率。

4．输精间隔期

公、母鸡营养状况差或是炎热季节输精间隔应缩短，一般为3～4天输精一次。

5．输精量

采用原精输精一般每次输精量为每只鸡0.025～0.03毫升。采用稀释精液输精，输精量一般为0.05毫升。如果精液的品质较好，建议采用稀释精液输精，容易控制输精量。如果精液的品质较差，精子的密度较低，可使用原精输精，输精量适当增大到0.03～0.05毫升。

6. 种蛋收集

第1次输精必须加倍或第2天重复输精一次，间隔3天后即可收集种蛋。

7. 输精注意事项

第一，输精器械每天要清洗干净，蒸煮消毒。千万不能使用酒精等消毒药液清洗消毒，它们会改变精液的渗透压或直接杀死精子。

第二，输精部位要准确，一定要输进输卵管。有时翻肛时输卵管口没有外露，被肛门括约肌盖住，此时要将盖住的括约肌拨开，露出输卵管口后再输精。

第三，翻肛人员在向腹部施加压力时，用力不要过猛，防止输卵管内的蛋被压破，造成输卵管炎和腹腔炎。输精人员插入输精器时要轻，预防输精器刺破输卵管管壁，造成内出血或输卵管炎。

第四，输精器的吸嘴头最好每只母鸡使用一个，以免疫病的相互传播感染。至少每输精8～10只母鸡，必须更换一次。如果发现在输精时被粪便污染，或有输卵管炎症，更应及时更换，以杜绝疫病传播。

第五，遇到鸡群发病时，应停止人工授精。一方面减少应激，有助于鸡群体质的恢复；另一方面，防止疫病通过输精传播给后代。

（四）公鸡精液品质的评定

传统的方法是从公鸡的外貌来选择繁殖力高的公鸡。随着科学的发展，还应进行实验室的精液品质检查。公鸡精液品质检查和评定的项目如下。

1．精液颜色

健康公鸡的精液颜色为乳白色，质地如奶油状。如果颜色不一致，混有血、粪、尿等，或者透明，都是不正常的精液。在这种情况下，须检查饲养管理制度、饲料质量、有无疾病和换羽等，然后采取相应的措施加以改进。不正常的精液不能与正常的精液混合输精，宁少勿滥。

2．射精量

射精量的多少，依鸡的品种、品系、年龄、生理状况、光照制度、饲养与管理条件而不同；同时，也与公鸡的使用制度和采精的熟练程度有关。公鸡的平均射精量为0.34毫升，变化范围从0.05~1毫升。大部分公鸡射精量在0.2~0.5毫升，中型品种公鸡比轻型品种公鸡的射精量高得多。

3．精液浓度

一般习惯上把精液浓度分为浓、中、稀3种。在显微镜下观察精液就会发现，浓稠的精液中精子数量多，密密麻麻几乎没有空间，精子运动互相阻碍。稀薄的精液中，精子数目少，直线运动的精子很明显，精子间的距离大。视野中精子数目及精子之间距离介于浓与稀2种精液间的为浓度中等的精液。公鸡精液平均浓度为30.4亿个/毫升，变化范围为5亿~100亿个/毫升。用作人工授精的公鸡精液浓度应在30亿个/毫升以上。

4．精子活力

所谓精子活力，是指精液中直线前进运动精子的多少。精子的活力对蛋受精率的关系，较输精量和精子浓度更为重要。因为只有活力高的精子才有运动能力，才能通过曲折而长达70厘米左右的母鸡输卵管，到达漏斗部与卵子结合受精。浓度大、精子活力差的精液，也不能用来输精。死精多的精液更不能用来人工授精。精子活力一般以10分制进行评定，平均活力为8分，范围从3～10分，普遍为6～8分。只要精子活力高，输精量中精子浓度略低些也不影响受精率。

5. 精液的pH值

精液pH值为6.2～7.4，平均pH值为6.75。精液中有大量的弱酸盐，如碳酸盐、柠檬酸盐、乳酸盐、磷酸盐、醋酸盐等，这些弱盐起缓冲作用，可以中和代谢过程中和精子死亡后产生的大量碱性化合物。抓鸡和按摩采精中，精液中落入酸性或碱性物质和公鸡泄殖腔的分泌物，是精液pH值变化的原因。精子保存过程中因微生物繁殖，可能向偏酸性变化。

（五）影响受精率的因素

一般情况下，只要遵守采精和输精的技术要领，即可获得80%以上的受精率。有些种鸡场有时候却突然出现受精率下降的现象，有时甚至一直没有达到理想的受精率。要想获得高的受精率指标，从控制以下诸多因素入手十分必要。

1. 种公鸡的精液品质不合格

精液中精子浓度低，即使有足够的输精量，也不能保证有足够的精子数量；精子活力不高，死精和畸形精子多，是影响受精率的主要因素。实践证明，有些公鸡射精量虽少，但精子浓度和精子活力高，输精量略低，仍能获得很高的受精率；采精时，精液被血、粪、尿污染造成精子死亡，也影响受精率。因此，挑选精液品质好的公鸡和在采精时保证采到清洁的精液对提高蛋的受精率十分必要。

2. 鸡蛋不受精和生殖道有疾病

在进行家系选育时早已发现，鸡群中有些母鸡产蛋很好，但由于生理原因或疾病，不管怎么样输精，蛋就是不受精。鸡群中这种母鸡增多，蛋受精率必然降低。

3. 输精技术不过硬

在人工授精条件下，受精率不高，问题往往出现在输精技术上，包括保证有足够精子的适宜输精量、输精的最佳时间、适当的输精间隔时间、输精的深度、采到精液后输精时间长短（要在半个小时以内输完）、翻肛与输精技术的熟练程度和准确性等。只有综合解决上述问题，才有可能获得理想的输精效果。公鸡精液品质的好坏和输精技术的高低，蛋的受精率是其客观的检验标准。

4. 种鸡的年龄过大与产蛋强度低

一般来讲，无论公、母鸡，200～400 日龄受精率较高，60 周龄以后随着年龄增加，公鸡精液品质变差，母鸡产蛋率下降，伴随着的是蛋的受精率下降。母鸡产蛋率越高，往往受精率也越高。因此，随着鸡龄增长，输精量要适量增加，输精间隔要适当缩短，这样才能保持理想的受精率。

5. 鸡的生理状况不佳

天气炎热，公鸡精子产生不良，母鸡产蛋率下降，蛋受精率低是普遍的现象。天热，鸡的食欲不好，营养不足，是公鸡的精液品质下降的因素之一。公鸡换羽，精液的品质明显恶化，是影响受精率的突出原因。

6. 其他

长途运输颠簸，卵黄膜破裂，卵黄上的系带断裂，都会人为地降低蛋的受精率。这种损失可达 5%～10%，甚至更高。种蛋保存时间越长，蛋的受精率越低。在生产条件下，夏天，种蛋的保存时间以 5 ~ 7 天为宜，其他季节以 7 ~ 10 天为宜。经长途运输和保存期过长的种蛋，不仅受精率降低，而且孵化率也受影响。混合精液比单一公鸡的精液输精受精率要高 5% 左右。

（六）精液的运输

运输优秀种公鸡精液，是育种工作中互相交换种用素材的先进方式之一。与购买种雏种蛋相比，运输精液的费用要少得多。尤其重要的是，排除了途中与传染源接触和由种蛋、种雏带进垂直传染的疫病。运输成功的决定因素是精液的质量、稀释液的成分、采精与稀释之间的时间间隔、运输时防止强烈的震荡等。

第二节　优质肉种鸡的饲养管理

目前优质肉种鸡主要有 2 种：一是用外来种与我国育成品种杂交，生产中速黄鸡的种鸡；二是我国的地方肉用种鸡。不同类型种鸡的生长发育特点有一定的差异，其中，第一类以前期生长快、性成熟迟为特点，第二类则与前类差异较大。由于第二类即地方鸡种没有种鸡和商品鸡之分，本节主要介绍第一类种鸡。根据种鸡的生长发育特点和生理要求，对种鸡必须采取分期饲养。种鸡各饲养阶段的分割大致如下：育雏期 0 ~ 7 周龄，育成期 8 ~ 22 周龄，23 周龄以后为产蛋期。

一、育雏期的饲养管理

雏鸡培育除参考肉种鸡的饲养方式和方法外，还要考虑优质肉鸡的特点。如苏禽 96 黄鸡父母代母本是生长偏慢的二元杂交系，父本是生长较快的合成系。所以，肉种鸡在育雏期间最好能公母分群饲养，不同的性别施以不同的育雏手段。为了促进母鸡的消化器官发育，以适应在产蛋高峰时需要获取大量营养的生理要求，在肉雏鸡的饲养上除考虑供给充足的营养外，还要注意适当增加一些沙砾和粗纤维，以利刺激消化道的生长发育。

作为种用的鸡，光照制度对其性成熟的年龄及成年后的生产水平影响很大。为了控制其性成熟的年龄，常采用接近自然日照时间的恒定或渐减的光照。雏鸡要有一定的运动量，以便增加体质，一般公雏要求每平方米养7.2只，母雏10.8只。种鸡的生产水平受到季节性的自然气候的影响，一般来说，在春季培育种鸡最好，初夏与秋冬次之，盛夏最差。

二、育成期的饲养管理

（一）育成期的控制饲养

育成期优质肉种鸡饲喂量控制在自由采食量的75%～80%。控制饲养有控制饲料的质量和限制饲料的数量2种做法，各有优缺点和适用性，应根据具体情况选用。

1. 限制饲料的数量

保持饲料的良好质量及其全价性，节减饲料的投喂量，使鸡的摄入营养量少于自由采食水平。限制喂料量的方法有隔日、每天、每周饲喂5天的限制饲养等做法。

2. 控制饲料的质量

就是使日粮中某些营养素低于正常水平，降低生长速度，延缓性成熟。控制饲料质量有以下几种做法。

（1）低能量　低能量饲料可控制在每千克含代谢能9.20兆焦左右。这样鸡只食入与正常饲料相同数量的饲料，所获得的能量比正常的低得多。

（2）低蛋白质　饲喂低蛋白质饲料育成期生长减慢，但用低蛋白质饲料限制饲喂育成鸡，每日的蛋白质摄入量也不可太少。在12～18周龄阶段，每天应喂给7.5～9.0克蛋白质。

（3）低赖氨酸　育成期饲料一般含赖氨酸0.43%～0.59%，而低赖氨酸饲料只含0.39%，由于必需氨基酸不足，育成鸡的生长减慢，可达到控饲的目的。

必须注意的是，前面述及的3种方法只讨论减少一种营养成分，其他成分保持正常。也有的主张采用低能、低蛋白质日粮，代谢能9.6兆焦左右，粗蛋白质13%左右，钙0.7%，总磷0.5%～0.6%，粗纤维5%～7%，粗脂肪4%以下，蛋氨酸0.2%～0.3%，蛋氨酸+胱氨酸0.4%～0.5%，赖氨酸0.45%～0.6%，色氨酸0.11%～0.14%，各种维生素及微量元素都必须充足和平衡，在饲养过程中让鸡自由采食。这种方法，能使鸡有饱的感觉，适用于群体大批次多、日龄不一致的鸡群。

3. 开始控制饲喂的周龄

正确确定开始限饲周龄是控制饲养能否成功的关键之一。常因品种不同而异，仿土种单交母鸡在7～8周龄时开始限饲为好。土种鸡由于前期生长较慢，也没有大群饲养，目前尚没有进行限饲的习惯。

4. 正确判定喂料量

质量限喂法一般自由采食，不定饲喂量，根据种鸡的生长速度与标准体重的吻合程度调整日粮的营养水平。确定喂料量主要根据鸡群体重的变化。肉鸡品种的标准体重，都是经过大量试验得出的最佳发育曲线。在确定喂料量的过程中，应每周抽测5%～10%鸡只的个体体重，抽取的鸡只应具有代表性，若平均体重低于标准体重，则增加喂料量的幅度适当加大；如果超过标准体重，则减量，直至与标准体重相吻合。一般每种鸡都有其饲养管理技术要求，其中必定有标准体重及参考饲料量，生产上可参考使用。

5. 控制饲养应注意的事项

在实行控制饲养过程中，因鸡群采食的营养成分是推测的最低量，实际饲喂时不一定满足其生长发育的需要，容易发生营养缺乏症及疾病，故在限制喂料之前应将鸡群中体重过小和体质衰弱的个体选出单独饲喂，把不同体重的鸡分栏，采取不同的饲喂计划，使鸡群的体重趋于整齐。开始限制饲养时要逐渐过渡，第1天用控制喂料的10%，配入90%的原用料中，以后每天增加限饲的比例，在1周内完全转为控制饲料，使鸡群有一个适应过程，避免因饲料改变太突然而引起不必要的应激。在鸡群有病或受到其他不良因素影响时，则停止限制喂料，待恢复正常后进行限喂。取样称重要有代表性，分栏饲养的要每栏都取样，不要只称一栏。大群饲养的分数点取样，称重时间每次相同，隔日喂料的在不喂料之日称重。要配置足够的饲料器和饮水器，防止由于饲料器和饮水器的不足而引起个别鸡只无法采食而致个体不均匀。

（二）育成期的管理

育成鸡的体质比雏鸡强壮，对外界环境条件变化的适应力和对疾病的抵抗力都比雏鸡强。但因控制饲养，鸡只得到的仅是有限的维持生长发育的营养，容易出现一些不良情况。管理得当的鸡群，育成期的死亡率在5%以内。

1. 逐渐减少饲养密度和适当分群

密度过大将影响鸡的正常采食、休息和运动，对鸡的生长和发育都有影响。所以，随着鸡只的不断长大，应适当调整饲养密度（表3－8）和分群，以保证育成鸡有较大的活动余地，促进鸡的骨骼、肌肉和内部器官的发育，增强体质。

表3－8 每只种鸡所需地面面积 （厘米^2）

周龄	垫草地面	网上坪养	周龄	垫草地面	网上坪养
7	680～730	590～680	14	1 160～1 340	1 160～1 220
8	820～900	710～900	15	1 200～1 420	1 240
9	910～940	830～940	16	1 240～1 500	1 300
10	960～1 010	950～960	17	1 350～1 580	1 390
11	1 020～1 100	1 020～1 070	18	1 540～1 666	1 540
12	1 060～1 200	1 020～1 200	19	1 690～1 740	1 690
13	1 080～1 270	1 080～1 210	20	1 860	1 800

2．及时淘汰不适于留种的鸡只

除在控制饲喂开始时淘汰那些生长发育不良、不符合留作种用的鸡之外，在育成期间还应经常观察鸡群，及时取出不健康的鸡只，开产之前再次挑选淘汰。

3．及时移入产蛋种鸡舍

育成鸡群经过淘汰处理后，及时转移到产蛋鸡舍，使鸡只有足够的时间适应和熟悉新的环境。产蛋设备要及时放入，以利鸡群在开产前熟悉。公母鸡分栏饲养的鸡群，在母鸡转群前2～5天先转公鸡，以便它们在产蛋前形成群居层次，使母鸡产蛋后稳定配种和减少斗殴。母鸡移入产蛋鸡舍太迟，鸡没有足够的时间熟悉产蛋箱，会使地面蛋增加，种蛋严重污染，还会增加蛋的破损率。

4．检查鸡喙的再生情况，必要时进行第2次断喙

第1次断喙一般在6～9日龄时，但往往有一些切得不当。这

些鸡有必要进行第 2 次修整。修整的时间通常在 13 ~ 17 周龄。这时鸡喙的神经、血管丰富，喙已完全角质化，坚硬难切，上喙只能切掉神经血管较少的端部（约 1/3）。下喙过长的切短一些，使上喙比下喙稍短。第 2 次断喙对鸡的应激较大，也容易出血，故做好第 1 次断喙很重要。第 2 次断喙前后，为了减少流血和应激，在前后 3 天应增加多种维生素的喂量，特别是维生素 K（每 1 000 千克饲料另加 50 克）。断喙后要加强检查，发现出血者应立即补烙切面。

5. 公鸡的切距

距是公鸡特有的胫部内侧角质突出物。当种公鸡配种时，距常常抓伤母鸡的背部，致使种母鸡害怕配种，影响受精率。为了避免该现象，应将种公鸡的距切掉，一般在距帽完全形成时（一般 10 ~ 16 周龄）手术。

6. 注意天气和外界环境对育成鸡的影响

因育成鸡舍缺乏保暖设备，再加上限饲对鸡体质的影响，育成鸡对外界恶劣条件的抵抗力较差，故要做好防寒、防降温、防湿工作。特别是在天气突然变化，如大风雨的袭击，气温骤降，很容易因应激而感染呼吸道、消化道或其他疾病。饲养人员应经常注意当地气象部门的天气预报，提前做好准备。

此外，还要注意光照的管理和鸡舍的环境卫生及鸡群的疾病防疫工作。

三、繁殖期的饲养管理

（一）产蛋鸡的生理特点及要求

从开始产蛋起，产蛋母鸡在体重、蛋重和产蛋量方面都有一定规律性的变化，以这些变化为基础，可将母鸡的第 1 个生物学产蛋年（即从开产到产蛋满一年为止）分割为3个阶段。第1个阶段是产蛋前期，指从开产至产蛋率达到高峰期，从开产至32周龄。第2阶段是产蛋中期，指从产蛋高峰期到52周龄，这时母鸡的产蛋量已开始下降，蛋重则有所增加，母鸡的体重也有所增加。第3阶段是产蛋后期，指52周龄以后，直到母鸡换羽停产。这时期的产蛋率明显下降，蛋重最大，蛋壳的质量有所降低。

（二）开产前的饲养管理

这一时期是种鸡限制饲养结束后到母鸡开始产蛋前，时间仅有2周左右。此时母鸡从育成期进入产蛋期，鸡体从发育到性成熟，为产蛋期做准备。因此，在饲养管理上，也必须有相应的措施，故这时期也称"过渡时期"，此时期把限饲改为产蛋鸡饲料。在饲喂方法上，由隔日饲喂改为每日饲喂，由日喂1餐改为日喂2餐。但必须注意饲料的改变要逐渐进行，一般在1周内完全过渡到种鸡产蛋饲料。光照对母鸡的性成熟具有促进作用，要求逐渐增加光照时间。若饲养正确，则新母鸡适时开产，开产后产蛋率迅速上升，30周龄前后达到产蛋高峰，且产蛋高峰期持续时间长。

（三）产蛋期的饲养管理

1. 产蛋前期的饲养管理

在生产性能上该阶段是产蛋率上升时期。在母鸡的生长发育上，也是从性成熟向体成熟迈进的时期，营养需要除供产蛋以外，还要供生长所需。所以，在饲养上，要求日粮的蛋白质、能量、钙、磷水平都较高（表3－9），而且在营养水平不变的情况下，每日的饲喂量日益增加，以适应产蛋率越来越高的营养需要。根据不同品种的特点，从3%产蛋率开始增加饲料喂给量，按周调整饲粮。通常每周增加开喂料为5～8克/只，直至出现产蛋高峰。确定母鸡群的产蛋高峰，饲养上大多采用一种称为“试探性”饲喂的方法。

表3－9 产蛋期不同时期的饲料营养

环境温度（℃）	产蛋前期			产蛋中期			产蛋后期		
	代谢能（兆焦/千克）	粗蛋白质（%）	钙（%）	代谢能（兆焦/千克）	粗蛋白质（%）	钙（%）	代谢能（兆焦/千克）	粗蛋白质（%）	钙（%）
17～21	11.97	18	3.2	11.97	16.5	3.2	11.97	15	3.4
10～13	12.89	17	3.0	12.89	15.5	3.0	12.89	14	3.2
29～35	11.05	19	3.4	11.05	17.5	3.4	11.05	16	3.7

当新母鸡出现产蛋停止增加或持续几天停留在一定水平时，要想知道是否产蛋高峰已到，不会再增加了，可用增加饲喂量的方法试探。一般每只母鸡在原来的基础上，增加5克饲料，连喂3～4天，观察鸡群的产蛋情况，如果产蛋量有所增加，则说明真正的产蛋高峰尚未到来，应继续增加饲料量，提高产蛋率。如果增加饲料量的第4天以后，产蛋量未见提高，则说明产蛋高峰已经来到，应该随即恢复试探期之前的饲料量。

2．产蛋中期的饲养管理

由于该阶段母鸡产蛋量高，种蛋受精率、合格率好，故又称为盛产期。这时期的主要任务是使产蛋高峰持续较长时间，下降缓慢一些。由于本阶段产蛋量基本保持稳定，鸡体的生长发育已成熟，要求体重不再增加，故在饲养上，如果所采用的日粮能量、蛋白质水平不变的话，饲料量不要增加，当产蛋量下降时还应适当减少。但由于蛋重有增加的趋势，故饲料也不能减得太急。可以调整饲料配方，适当减少饲料中的蛋白质和能量，而保持原来的饲喂量。

3. 产蛋后期的饲养管理

这时期产蛋量下降速度较快。在生理上，由于体成熟后，多余的营养主要用于沉积脂肪，故在饲养上应根据产蛋量下降的速度适当减少饲喂量，或者通过降低日粮的蛋白质水平，使营养达到供维持及产蛋的需要便可。但必须注意，随着母鸡年龄增长，母鸡吸收钙的机能逐渐下降，若不提高钙的含量，将会影响蛋壳的质量，出现软壳蛋、薄壳蛋、蛋破损增加等现象。所以，日粮中应适当增加钙的含量。一般种鸡在500日龄以后，便淘汰，更新鸡群。这是因为母鸡经过一年产蛋后，第2年的产蛋率将降低20%～30%，蛋重大幅度增加，若作为种蛋用，不但孵化率低，而且饲料成本增加，经济效益较差。

4. 产蛋期母鸡日粮饲喂量的确定

母鸡的开产体重和产蛋期母鸡的体重对产蛋性能有较大影响。准确控制投喂量是产蛋期间饲养管理中的一项重要措施。一般喂给自由采食量的85%左右。比较科学的做法是通过试验，制定各品种或品系母鸡在产蛋期的各周龄的要求体重和大致喂料量。

在特定的条件下制订的生产标准，在实践中还应根据室温、产蛋率、饲料质量适当调整。在气温低、产蛋量高时应适当增加饲料量；在天气热、产蛋量低时应适当减少饲料量，最理想的饲料量是使母鸡不肥不瘦，产蛋又多，这比较难掌握。一般原则是宁可瘦一点也不要过肥，因为喂料不足，产蛋高峰来得迟一些，若把鸡养肥了就很难办了。

在确定产蛋母鸡的喂料量时，还应注意到母鸡的产蛋情况是否受到其他因素的影响，如其他意外恶劣条件、应激、接种疫苗或光照管理不当等，出现暂时产蛋量下降时，不应减少饲料量。

（四）产蛋期的一般管理

1. 种鸡的饲养方式及密度

种鸡的饲养方式与饲养密度有关。不同的饲养方式，饲养密度不同。优质种鸡多用平养方式，因鸡舍地面的结构不同，又分为垫草地面平养、全部棚上或网上平养和半棚半垫草地面平养3种。这3种方式都有各自的特点。垫草地面平养的建筑投资少，但易潮湿，易患传染性疾病，适于比较干燥的地区使用；棚上或网上平养，鸡只与粪便相隔，适用于温暖潮湿的地方；半棚半垫草地面平养则综合了以上2种方式的特点，适用于气候温和的地方。鸡的饲养密度不仅与饲养成本有关，而且与生产性能有关。饲养密度过大，则舍内空气容易混浊，垫草容易潮湿，鸡群活动范围小，鸡只采食不均匀，不利于鸡只健康；密度过小，则建筑面积利用率低，增加成本。适宜的饲养密度是在影响种鸡的生长性能及健康的基础上充分利用建筑面积。表3－10列出了优质鸡合理的饲养密度，可供参考。

表3－10 每平方米饲养种鸡数 （只）

种鸡类型	全部垫草	全部棚或网	2/3棚网1/3垫草
中型优质种鸡	4.0	6.0	5.0
小型优质种鸡	4.8	7.2	5.3

2. 消除窝外产蛋

可试用如下办法：其一，配备足够的产蛋箱。一般4～5只母鸡配备一个产蛋箱。产蛋箱的设计和放置要合理，离地棚30～

50 厘米为宜，开始产第 1 枚蛋前 2 周放入产蛋箱，早上把产蛋箱门打开，晚上把门关上，防止鸡入产蛋箱内栖息，以保持产蛋箱的清洁，其二，将近开产时，放置假蛋在产蛋箱内，以诱导母鸡产蛋。用软的垫料如稻草等铺垫产蛋箱底，使母鸡感到舒服，喜欢进去产蛋。若仍有个别母鸡不习惯进箱产蛋，就要人工调教。当母鸡在箱外蹲伏准备产蛋时，把母鸡抱进箱里，将门关好，强迫母鸡在箱内产蛋。数次之后，形成习惯，鸡就懂得进箱内产蛋了。

3. 降低蛋的破损率

破蛋的经济价值差，降低种蛋破损率是提高经济效益的一个不能忽视的管理措施。种蛋破损的原因主要有 2 个：一是由饲料中钙、磷含量不足或比例失调，可以通过调整饲料配方改正；二是人为造成，如捡蛋次数少，多个蛋在蛋箱内被母鸡压破，或捡蛋时动作过重而碰破等。此外，由于产蛋箱的结构不合理，如底网过硬或过斜，使母鸡产蛋落地时碰破，这种情况必须通过改正产蛋箱的结构来改善。减少人为造成的破蛋，应采取如下措施：勤捡蛋，一般视产蛋率的高低每天捡 4～5 次。捡蛋时动作要轻，验蛋时的敲击要小心轻度。正常的种蛋破损率在 2%～3%，破蛋率增加时，应及时检查，采取措施，以提高饲养效益。

4. 及时催醒就巢母鸡

母鸡的就巢性因品种而有差异，现代肉种鸡的就巢性弱，而土种鸡的就巢性特别强。就巢可降低产蛋量。将就巢母鸡隔离到通风而明亮的环境，并给予其他物理因素的干扰，如水浸脚、吊起一只脚、用鸡毛穿鼻孔等，数天之后即醒巢。

5. 防治食蛋癖和食毛癖

种鸡的食蛋与食毛是 2 个常见的恶癖。发生恶癖的原因是，饲料营养不平衡，缺乏蛋白质、矿物质或维生素，饮水缺乏，饲养密度过大，光线过强。有人认为母鸡发生食毛的原因是缺乏硫化物，每日每只母鸡加喂2～3克硫酸钙（石膏粉）能防止食毛。也可在饲料中添加含硫氨基酸或羽毛粉。添加沙砾和贝壳粉时，可以另外用食槽盛装，让鸡只自由采食。每250只母鸡提供一个盛装沙子和一个盛装贝壳粉的饲料器。第24周龄（168日龄）开始每100只鸡每周喂约1千克贝壳粉。母鸡可根据需要去采食贝壳粉和沙砾，避免恶癖。

（五）种公鸡的特殊饲养管理

种公鸡的管理与母鸡有所不同。种公鸡要求有健壮的体质、较大的体型，精力旺盛，羽毛丰满，直而壮的脚部和趾部，宽长而直的背，广而深的体躯和胸围，龙骨直而长，健壮的头和喙。管理上要注意下面几点。

首先是满足公鸡的运动需要。育雏与育成期是公鸡长体格的阶段。最好设有运动场，而且饲养密度要适当减少，育雏阶段每平方米15只以内，育成阶段每平方米3.5只，以使有运动的余地。运动有利于公鸡体格的生长、骨骼的坚实和肌肉的发达，精力旺盛。

其次是注意保护公鸡的脚。公鸡脚的好坏直接影响其利用价值。脚部有毛病就无法配种。在育雏、育成和配种期，如果饲养在地面的话，一定要保持有良好的垫草。另外，公鸡不适宜在铁丝网上饲养，生锈的铁丝网很容易损伤脚趾。

再次是必须截冠和断趾。种公鸡的冠较发达，成年时，常因公鸡间的争斗，使冠损伤流血，亦会因冠大影响公鸡的采食和饮水，鉴此，种用小公鸡最好在1日龄截去冠。此外，种公鸡体型大、胸型大，在成年配种时常出现内侧趾爪抓伤母鸡，使母鸡害怕配种，影响受精率。因此，对种用的小公鸡宜在1日龄时断趾。断趾是将2个内侧的趾（第1趾和第2趾）在第1个趾关节处切断。距和第1、第2脚趾一样对母鸡都有影响，常在配种前18周龄左右切距。

此外，如果育雏与育成是公母分开饲养的话，在18周龄便要按1∶8的公母比例，将公鸡与母鸡合群饲养，以便能有时间互相熟识，减少争斗。

（六）种母鸡的选种选配

对于种母鸡，不仅要求产蛋量高，而且还要求群体发育整齐一致，具品种特征。对于那些产蛋少、个体发育不良、不符合品种特征、有生理缺陷的个体都应淘汰。此外，对于父母系的配种、公母比例、利用年限等也应考虑。种母鸡分别在育成期、产蛋前以产蛋高峰后进行3次选择。

1. 种鸡8周龄的选留

对于优质种鸡，不论是祖代、父母代，在饲养到8周龄时，都需进行第1次选择。对于小型优质肉鸡的选种，如果考虑提高早期生长速度，也可推迟到8～10周龄对体重进行选择。为了选择体重，必须对种群进行个体称重，并记录。在个体称重的同时应对那些有生理缺陷的如瞎眼、跛脚、带伤者和有病的鸡先淘汰，然后根据称重资料，公母鸡体重分别统计、排名。现举例说明：8周龄父母代公鸡120只，母鸡800只，预计到产蛋时需要选留母鸡700只，公鸡80只，考虑到育成期的正常死亡和淘汰，现决定选用公鸡100只，母鸡750只，即要淘汰的公鸡20只、母鸡50只。这样，可以根据体重的排名资料，把体貌不合格和体重最小的20只公鸡，50只母鸡淘汰。

2．产蛋新母鸡的选留

不论是育成期或性成熟前（产蛋前）转入产蛋鸡舍，还是一直饲养在原来鸡舍，都应选留，除去劣等鸡。这时的选择主要根据母鸡生理特征及外貌进行。性成熟的母鸡冠和肉垂颜色鲜红，羽毛丰满，身体健康，结构匀称，体重适中，不肥不瘦。淘汰那些发育不全、生理缺陷、干瘦、两趾骨间距特别小、末端坚硬、腹部粗糙无弹性的个体。对于公鸡的第二性征发育不全如跌冠，面色苍白，精神不佳者也应淘汰。

3．产蛋高峰后的选择

优质种鸡的第 3 次选择，也是最后一次选择，是在母鸡产蛋高峰过后，约在 40 周龄后进行。母鸡经过产蛋十几周后，高产鸡、低产鸡与无产鸡都明显表现出来，选择最为标准。可以根据外貌特征和母鸡腹部结构 2 个方面进行。

（1）身体结构与外貌特征　高产鸡身体健康，结构匀称，发育正常，性情温顺，活泼好动，觅食性强；冠和肉垂发达，颜色鲜红；眼大有神；肛门外侧丰满，大而呈椭圆形，内侧湿润。

（2）触摸腹部容积　高产鸡因性腺括动和代谢机能强烈，血流旺盛，卵巢、输卵管和消化器官发达，因而腹部容积大，皮肤健康，用手触摸肉垂、冠、皮肤，感觉细致柔软、温暖、皮肤有弹性、两趾骨末端柔薄而有弹性。鉴定腹部容积大小可用手指度量母鸡腹部，高产母鸡胸骨末端到耻骨间的距离可容纳一个横放的手掌而且耻骨间的距离可容纳 3 个以上指宽。

（七）种鸡的利用年限及公母比例

母鸡开产以后，第 1 年产蛋量最高，以后逐年下降，以第 1 年度为 100% 计算，第 2 年 80%，第 3 年只有 70%，因此，生产场为了获得最高的产蛋量，种鸡群年年更新，母鸡只用 1 年便淘汰。

种公鸡的活力也以第 1 年最强，种公鸡一般随着母鸡的淘汰而淘汰。但地方品种公鸡的利用年限可延长 2～3 年，都能保持旺盛的配种能力。种鸡的公母比例不仅影响种蛋的受精率，而且影响公鸡的利用年限。正确的公母比例既可以保持高的受精率，又延长公鸡的使用时间。适当的公母比例与种鸡的品种类型有关。不同类型鸡的公母比例如下：土种鸡为 1：（12～15）；仿土单交种鸡为 1：（10～12）；肉用仔鸡种鸡为 1：（8～10）。

在产蛋期间应经常检查公母鸡比例和公鸡体况。跛脚、有病或精神欠佳的公鸡应及时更换，死亡或淘汰的公鸡应及时补充。

第四章

肉鸡日粮配制

营养需要是指动物在最适宜的环境条件下，正常、健康生长或达到理想生产成绩对各种营养物质种类和数量的最低要求。饲料所含的营养成分主要有水分、蛋白质、碳水化合物、脂肪、矿物质和维生素等。各营养成分对肉鸡生命活力、生长发育、生产性能的维持均有着极其重要的作用。

肉鸡具有生长快、肉质鲜嫩、饲料报酬高及生长周期短等特点。因此，肉鸡一般采用高能量、高蛋白质的全价日粮。由于饲养技术的进步，过去需饲养到56～60日龄的体重，现今47～48日龄即可达到，肉料比已达到1：（18～21）。肉用仔鸡多为群饲自由采食，日粮的营养配合比例必须保证氨基酸的平衡。因此，提供全价日粮格外重要。

一、肉鸡营养分类

（一）能量

家禽所需的能量主要来自于饲料中的碳水化合物和脂肪。碳水化合物可分为两大部分：一是可消化的淀粉和糖类；二是粗纤维。脂肪能促进维生素A、维生素D、维生素E、维生素K及胡萝卜素的吸收和利用，还可以补充必需脂肪酸，是非常好的能量源，通常在肉鸡饲料中添加2%左右的油脂。

我国肉用仔鸡的饲养标准中规定，日粮中前期（4周龄前）

能量水平为12.13兆焦/千克，后期（5周龄以上）为12.55兆焦/千克。我国地方肉鸡，划分为0～5周龄、6～11周龄和12周龄以上3个阶段，每千克日粮代谢能分别为11.72、12.13和12.55兆焦。肉鸡不能精确地调节其能量的进食量。饲喂高能日粮，胴体脂肪含量高；饲喂低能日粮，摄入的能量不足，达不到正常生长，体组织不能沉积正常数量的脂肪。最近研究表明，肉用仔鸡前、后期，日粮能量水平为13.14兆焦/千克时，可获得理想的增重和较高的饲料利用率。

（二）蛋白质营养

肉用仔鸡对蛋日质需要量较高，以满足快速生长需要。肉鸡从出壳到6周龄，其体重可增加50～55倍，这种增加主要是体内蛋白质的沉积，所以适宜的蛋白质或氨基酸水平，对肉用仔鸡十分需要。存肉鸡日粮中，除含有必需的能量浓度外，还必须考虑蛋白质水平以及蛋白质能量比。我国肉用仔鸡饲养标准规定，0～4周龄日粮能量水平为12.13兆焦/千克，粗蛋白质21%，蛋白质能量比72；而5周龄以上日粮能量12.55兆焦/千克，粗蛋白质水平19%，蛋白质能量比为63。

肉用仔鸡对蛋白质的需要，实际上是对氨基酸的需要。蛋氨酸和胱氨酸（含硫氨基酸）对肉用仔鸡生长十分重要。在0～3周龄实际日粮中已将含硫氨基酸需要量从0.93%降到0.87%。此外，对于色氨酸，根据众多的研究结果已将0～3周龄肉鸡对色氨酸的需要量从0.23%降到0.2%。脯氨酸是非必需氨基酸，研究结果表明，雏鸡不能合成足够的脯氨酸，因此日粮中必须供给脯氨酸。

（三）水的营养

动物体内的水来自饮水、饲料水和代谢水，其中饮水是家禽获取水的主要方式，通常与采食饲料量比例为2∶1。代谢水在机体代谢过程中产生，一般可提供动物需水量的5%～10%。鸡体通过粪便排泄、呼吸和皮肤蒸发散失水分，以及形成离体产品（蛋）等方式。如果饮水量不足，会影响食欲，降低饲料的消化率和吸收率，肉鸡生长缓慢、蛋鸡产蛋量减少，严重时可引起死亡。特别要注意，种鸡对缺水尤其敏感。

（四）维生素营养

鸡所需的维生素可分为脂溶性和水溶性2类。日粮中通常使用维生素添加剂来补充维生素的不足。

肉用仔鸡生长速度快，对维生素A、维生素D_3和核黄素的需要量明显高于产蛋型生长后备期。应根据鸡群状态、环境和饲养条件，酌情调整饲养标准。可将标准中所列数值作为添加量，将饲料中天然含有量作为安全量处理。

1. 脂溶性维生素

（1）维生素A　维生素A主要来源于动物产品，主要是鱼肝油。青绿饲料中含有丰富的胡萝卜素，且嫩植株中含量较高，在体内胡萝卜酸的作用下，也能转化成维生素A。鸡对其需要量一般在每千克饲料1 000～5 000国际单位。

（2）维生素D　维生素D在鱼肝油中含量最多，青饲料中的麦角固醇，鸡的皮肤和羽毛中的7－脱氢胆固醇在紫外线作用下，分别转化为维生素D_2和维生素D_3的形式。鸡对其需要量一般在每千克饲料1 000～2 000国际单位。

（3）维生素E　维生素E在籽实饲料的胚芽中含量丰富，青饲料含量也比较多。鸡对其需要量一般在每千克饲料10～20毫克。

（4）维生素K　维生素K有4种：维生素K_1在青饲料、大豆和动物肝脏中含量丰富；维生素 K_2 可在鸡肠道内合成；维生素 K_3 和维生素 K_4 是人工合成，可作为添加剂使用。鸡对其需要量一般在每千克饲料 0.5 ~1 毫克。

2. 水溶性维生素

（1）维生素 B_1　维生素 B_1 在植物性原料如糠麸、青饲料、胚芽、草粉中含量较多，豆类、发酵饲料和酵母粉中含量也较为丰富。鸡对其需要量一般在每千克饲料 1 ~2 毫克。

（2）维生素 B_2　植物性饲料中以豆科饲料及其草粉、大麦、麸皮、米糠、豆饼和酵母粉含维生素 B_2 较多。动物性饲料以鱼粉和血粉中含量较多。鸡对其需要量一般在每千克饲料 2 ~4 毫克。

（3）泛酸　鸡对泛酸需要量一般在每千克饲料 7 ~12 毫克。

（4）烟酸　烟酸在谷物饲料中、动物性副产品中含量较为丰富。鸡对其需要量一般在每千克饲料 10 ~50 毫克。

（5）维生素 B_6　糠麸、苜蓿、干草粉和酵母内含量丰富。鸡对其需要量一般在每千克饲料 7 ~12 毫克。

（6）胆碱　鱼粉、饲料酵母和豆饼等胆碱含量丰富，米糠、麸皮、小麦等胆碱的含量也较多。鸡对其需要量一般在每千克饲料 400 ~1 300毫克。

（7）叶酸　内脏和坚果是比较好的叶酸来源，谷物中含量较低。鸡对其需要量一般在每千克饲料 0.3 ~0.6 毫克。

（8）生物素　一般原料中生物素的含量都比较丰富。鸡对其需要量一般在每千克饲料 0.05 ~0.30 毫克。

（9）维生素 B_{12}　维生素 B_{12} 主要存在于动物性饲料中，植物性饲料中几乎没有。

（10）维生素 C　鸡体内具有合成维生素 C 的能力，一般情况不会缺乏。当鸡处于应激状态时，增加维生素 C 的用量有助于提高鸡只的抗应激能力。

（五）矿物质营养

矿物质在饲料中以有机盐或无机盐类的形式存在。

1. 常量矿物质元素

（1）钙　钙在一般植物性原料中含量少，要补充。

（2）磷　一般植物性原料中含磷较高，但主要是以植酸磷形式存在，其利用率在30%左右。同时钙和磷作用有密切关系，二者必须按适当比例才能被吸收、利用。

（3）氯和钠　日粮中补充食盐时，要考虑水质中食盐含量，尤其在沿海地区。含盐量过多，易引起饮水量增多，甚至引起食盐中毒。

（4）镁　一般饲料原料含镁量足够，因此家禽日粮一般不用添加镁。提高日粮钙、磷水平的同时，也需要提高镁的水平，但高镁不利于鸡生产。

2. 微量矿物质元素

（1）铁　主要来源于谷物类、豆类、鱼粉及含铁化合物。

（2）铜　主要来源于含铜化合物，常规饲料原料中含量不多。

（3）锌　锌的主要来源是含锌化合物、动物性原料、饼粕及糠麸。

（4）锰　常规原料米糠、豆类、胚芽中均含有一定量锰。

（5）碘　主要来源于海产物和碘化合物。

（6）硒　硒与维生素E互相协调，提高种蛋的受精率和孵化率等作用，鸡缺硒主要表现为渗出性素质和胰腺纤维变性。

（7）钴　钴是维生素B_{12}的重要原料。日粮中缺乏钴时，不仅会影响维生素B_{12}的合成，而且会引起鸡只生长迟缓和恶性贫血，种蛋孵化率降低。

二、肉鸡常用饲料原料

肉鸡的消化生理与生产性能决定了其对饲料的营养价值有着特殊的要求，且高能量低纤维。从适合家禽的饲料种类来看，常见的有谷物类饲料、植物蛋白类饲料、动物性蛋白质饲料、油脂类饲料、矿物质饲料添加剂。

（一）谷物类饲料

1．玉米

玉米是肉鸡日粮中主要的能量饲料。玉米使用时包含的质量控制指标有粗蛋白质、容重、水分、杂质、色泽、气味和不完善粒等。玉米的含水量变化大，需要高度重视，一方面因玉米在日粮中使用比例大，玉米水分含量对成品水分含量影响大，另一方面玉米水分含量会影响其能量。玉米使用前最好对其进行过筛处理。如果生长、收获季节或贮藏期条件不适当，玉米极易感染霉菌及其霉菌毒素，使用时须关注。

2．小麦

小麦全量取代玉米用于鸡饲料中，效果不如玉米，仅为玉米的90%左右，主要与小麦所含的非淀粉多糖有关。随着饲料用酶制剂技术的成熟，如果在日粮中添加木聚糖酶，可以取代玉米的30%～50%。小麦如果做粉料，不宜粉碎太细，否则会引起黏嘴现象，影响适口性，如果做颗粒饲料，则不会有影响。小麦亦有污染麦角毒的可能，籽实生长异常者，应检验。

3．高粱

高粱的品种多，其去皮的化学组成与玉米相似，代谢能含量与玉米近似。因高粱的营养价值受品种影响大，一般估计为玉米的95%左右，故与玉米的价差在5%以上时可以使用。一般日粮中单宁含量在0.2%以下时，不影响饲喂效果。高单宁含量的褐高粱用量应低于15%，雏鸡避免使用，低单宁含量的黄高粱则可用至40%～50%，甚至全部取代玉米也不影响饲养效果。其实，最为简单而有效地克服单宁不良作用的方法是在高单宁日粮中添加0.15%的蛋氨酸。使用高粱时，其中单宁含量要定期检测，至少把检查种皮颜色作为单宁量的一个质量指标。

4. 大麦

大麦蛋白质含量高于玉米，为12%～13%，是谷实类饲料中含蛋白质较多的饲料，氨基酸中除蛋氨酸和亮氨酸外均高于玉米，但利用率比玉米差。考虑到大麦因纤维含量高、色素含量低等因素，在鸡饲料中大麦可以替代玉米30%左右。大麦有可能感染麦角毒素、霉菌等微生物，因而导致鸡中毒或利用率下降，因此，应避免使用等级太差的大麦。

5. 稻谷和糙米

稻壳本身的营养几乎为零，同时还影响其他营养物消化。稻谷的营养值可估计为玉米或糙米的75%。稻谷因粗纤维较高，用于肉鸡饲料须限制其量。小鸡（0～4周龄）使用15%～30%稻谷，中大鸡（6～8周龄）使用30%～40%稻谷。稻谷去外壳后为糙米，其营养价值比稻谷高，能值几乎与玉米接近，碎米中含有胚芽，所以其蛋白质略高于玉米，是一种比较好的原料，可以100%替代玉米。

6. 全脂米糠

糙米精制过程中脱除的果皮层、种皮层及胚芽等混合物称为全脂米糠，其内可能混合有少量不可避免的粗糠、碎米，粗纤维含量在13%以下。鸡饲料中全脂米糠取代玉米时，考虑其胰蛋白酶抑制因子和植酸影响，同时全脂米糠易变质，鸡饲料中以使用5%以下为宜，颗粒状饲料可酌量增至10%～20%，用量太高会影响适口性。

7. 米糠粕（脱脂米糠）

全脂米糠经溶剂或压榨提油后残留的米糠即为米糠粕。粗蛋白质含量大于14%，高的达16.5%以上，粗纤维含量小于14%。米糠粕因能量含量不高，一般在鸡料中用量不高，能量需求量低的鸡料中可用至20%。

8. 小麦麸

小麦麸中所含粗脂肪仅为米糠含量的20%，粗纤维含量却高于米糠，所以小麦麸的有效能值也明显低于米糠。麸皮的成分与米糠粕类似，但氨基酸组成较佳，赖氨酸含量较高，约为0.67%，但蛋氨酸含量低，约为0.11%，消化率也略优于脱脂米糠；纤维含量高，属低能量原料。麸皮具有比重轻、体积大的特点，常可用来调节日粮的能量浓度。由于肉鸡生长快，需要能量浓度高，一般不用低能量的麸皮作为营养浓度稀释物，鸡料用量在15%以下。

9. 次粉

次粉又称黑面黄粉、下等面或三等粉，是以小麦籽实为原料磨制精白面粉时获得的副产品。质量从外观的色泽及含细麸皮量来判定，随精制程度的提高，淀粉含量越多，能量越高。色泽越白，越接近面粉成分，营养价值越高；色泽越深，说明含麸量越高。优质的次粉可以作为肉鸡颗粒饲料的黏合剂和能量源，鸡料中用量为5%～20%。

10. 玉米干酒糟及可溶物（DDGS）

玉米干酒糟及可溶物的来源不同，其产品质量差异也较大。其中对玉米干酒糟及可溶物品质影响最大的是加工工艺及干燥方法。进口的DDGS比国产的外观色泽淡，酸性洗涤纤维含最低，氨基酸含量高。肉鸡中用量6%～12%，种鸡中用量4%～8%。

11. 玉米胚芽粕（饼）

玉米胚芽粕是以玉米胚芽为原料，经压榨或浸提取油后的副产品。玉米胚芽粕中含粗蛋白质18%～20%、粗脂肪1%～2%、粗纤维11%～12%，玉米胚芽饼含粗脂肪8%～12%。玉米胚芽粕（饼）不耐储存、易氧化。玉米胚芽粕中的霉菌毒素含量为原料玉米的1～3倍。在肉鸡用量小于10%，为避免毒素影响种鸡，在其饲料中用量小于4%。

（二）植物蛋白类原料

1. 豆粕

豆粕已在全世界成为其他蛋白质来源与之相比较的标准。其氨基酸组成适于禽类。豆粕的营养特点如下。

①代谢能值较高，禽代谢能10.04～10.45兆焦/千克，去皮豆粕大于10.45兆焦/千克。

②大豆粕的蛋白质一般在40%～48%，依其去皮程度和品种而定，去皮程度越高，蛋白质含量越高，巴西大豆粕蛋白质含量相对较高，氨基酸的比例好。

2. 全脂大豆

全脂大豆是禽类较好的能量和蛋白质来源。大豆的含油率18%，粗蛋白质约36%。和其他原料一样，使用程度取决于经济效益，其经济效益与豆粕的相对价格和补充脂肪的相对价格有关。和豆粕一样，对大豆必须进行热处理，破坏胰蛋白酶抑制因子，蛋白质消化率，挤压和膨化效果也可以通过测定脲酶和有效氨基酸含量来衡定。粉碎较细使其细胞中的油能够释放出来，这样有利于提高脂肪的消化率，但同时带来负面影响，容易氧化酸败，不宜长期保存。

3. 菜籽饼（粕）

菜籽饼（粕）是油菜籽取油后的副产物。用压榨法榨取油后的副产品称为菜籽饼，用浸提法或经预压后再浸提取油后的副产品称为菜籽粕，属低能量蛋白质饲料。含硫氨基酸含量高是其突出特点。通常幼雏饲料中用量小于3%，肉鸡后期可使用至10%～15%，种鸡8%。

4. 棉籽饼（粕）

棉籽饼（粕）是以棉籽为原料经脱壳、去绒，或部分脱壳、再取油后的副产品。棉籽粕的营养价值受到棉酚和环丙烯脂肪酸含量的影响，碳水化合物以糖类及戊聚糖为主，纤维含量随去壳程度而不同，氨基酸中赖氨酸少，为第一限制氨基酸。含壳太多的棉籽粕能量不高，肉鸡饲料使用量4%～8%。棉酚是存在于棉籽色素腺体中的一种毒素，含棉酚的棉籽可用于人类避孕，因此种鸡避免使用棉籽粕，以免影响生殖能力。

5. 亚麻籽粕（饼）

亚麻籽经机械压榨或溶剂提油后的残粕再经细碎、压片即为亚麻籽粕。亚麻饼及亚麻粕中粗蛋白质及各种氨基酸含量与棉籽饼、菜籽饼（粕）近似。亚麻籽中含有亚麻苷，亚麻苷被酶作用而游离出氢氰酸，会造成中毒。鸡饲料一般不推荐使用亚麻籽粕，5%用量即造成食欲减退，生长不良，并排出黏性粪便。种鸡日粮内亚麻饼（粕）添加量一般为5%～10%，但注意维生素B_6的补充。

6. 花生仁饼（粕）

以脱壳后的花生仁为原料，经压油后粗脂肪在10%左右的副产品称为花生仁饼；经浸出油后粗脂肪在1.5%左右的副产品称为花生仁粕。花生仁饼（粕）的精氨酸含量高达5.2%，是所有动、植物饲料中的最高者。饲喂鸡时，必须与含精氨酸少的菜籽饼（粕）鱼粉、血粉等配伍。花生粕易感染霉菌，产生黄曲霉毒素，国家规定饲料黄曲霉毒素B_1含量不得大于50微克/千克，一般检测含量在0～40微克/千克。肉鸡料可使用5%～10%，为避免黄曲霉毒素中毒，种鸡使用4%以下为好。

7. 芝麻饼（粕）

芝麻饼蛋白质中的蛋氨酸含量是所有植物性饲料中最高。小磨香油的芝麻饼因在取油前需炒熟褐变，因此氨基酸利用率较低。即使补足赖氨酸，芝麻粕用于鸡饲料的效果仍明显劣于大豆粕；芝麻饼（粕）通常具有苦涩味，适口性较差。故鸡饲料用量不宜超过10%，雏鸡中慎用。

8. （脱壳）向日葵粕

赖氨酸为第一限制氨基酸，但含硫氨基酸含量高；粗纤维含量随壳的比率不同而不同，向日葵籽壳的粗纤维含量高达64%（干物质中），因此，脱壳程度对向日葵籽饼粕的营养价值影响很大。带壳向日葵粕因能量低、育肥效果差，肉鸡不宜使用；脱壳向日葵粕肉鸡用量4%～8%，种禽宜用10%以下。

9. 玉米蛋白粉

玉米蛋白粉也叫玉米面筋粉，含蛋白质55%～68%，是生产玉米淀粉和玉米油的同步产品。色泽金黄，蛋白质含量越高，色泽越鲜艳。玉米蛋白粉的蛋氨酸含量高，与相同蛋白质含量鱼粉相当。原料的品质对成品品质影响大，玉米质量不好的蛋白粉中黄曲霉毒素高达80毫克/千克。玉米蛋白粉属高蛋白质高能量饲料，蛋白质消化率和可利用能值高，用于鸡料中，既可降低蛋氨酸，又能改善蛋黄和皮肤的着色。一般添加2%～5%，最好不要超过5%。

（三）动物性蛋白质饲料

1. 鱼粉

鱼粉是以鱼为原料，去掉水和部分油加工制成的高品质蛋白质饲料。鱼粉含有丰富的矿物质，特别是磷，鱼粉中维生素的含量丰富，品质优良、质量稳定。因其价格高，在鸡养殖中较少使用。

使用鱼粉的注意事项：

①掺假问题，这是影响鱼粉使用的最重要问题。常用的掺假原料有羽毛粉、血粉、皮革蛋白粉、尿素及其衍生物、肉骨粉、虾粉等。

②食盐含量，良好鱼粉的食盐含量应在1%～2%。

③氧化酸败。

④沙门氏菌污染。

⑤胺类物质和肌胃糜烂素。

⑥鱼的新鲜度，鱼加工前的新鲜度是影响鱼粉品质的重要因素。

2. 虾粉、虾壳粉、蟹粉、蟹壳粉

虾粉含蛋白质40%左右，虾壳由等量碳酸钙和几丁质构成，碳酸钙可当钙源利用，而几丁质则无营养价值。虾粉、虾壳粉亦含有部分脂肪，该脂肪含有大量不饱和脂肪酸，并具丰富的胆碱、磷脂、胆固醇等成分。蟹粉、蟹壳粉的成分特性同虾粉、虾壳粉。此类产品含有还原虾红素，用于鸡饲料具着色效果，并可提升饲料风味，但用量不超过5%。

3. 肉粉、肉骨粉

肉粉是用动物屠宰后不宜食用的下脚料以及肉类罐头厂、肉品加工厂等的残余碎肉、内脏经过切碎、充分煮沸、压榨，尽可能分离脂肪，残余物干燥后制成粉末。纯肉粉中不含骨头，加工中含骨头的称为肉骨粉。肉粉与肉骨粉的区别在磷的含量，磷含量4.4%以上称为肉骨粉，4.4%以下称为肉粉，肉骨粉含骨较多，故含磷量较高。因品质稳定性差，用量宜加限制，鸡料中以使用6%以下为宜。

4. 羽毛粉

羽毛粉含蛋白质80%以上。羽毛粉的饲用价值取决于原料的质量、处理方式和水解程度，质量良莠不齐。但总体上，羽毛粉饲用价值较低，主要用于补充含硫氨基酸的不足，鸡饲料中用量3%～5%。

5. 血粉

血粉是以畜、禽血液为原料，经脱水加工而成的粉状动物性蛋白质补充饲料。血粉可补充家禽蛋白质需要，但因黏性太强，多用会黏着鸡喙，妨碍采食，加之适口性差，氨基酸不平衡，用量不宜太高，否则会引起肉鸡生长差和羽毛不正常。鸡料中以不超过2%为宜。

（四）油脂类饲料

油脂常添加在禽饲料中，提高能量浓度和能量利用率，可减少粉尘、饲料的浪费，降低饲料混合机和颗粒机的磨损，有利于提高设备的利用，在鸡料中一般添加1%～3%。其中，在21日龄以内的鸡日粮中必须严格限制（不超过1%）；鱼油在鸡饲料中的用量应控制在1%内；椰仁油1%～2%；棕榈油1%～3%；植物性皂脚1%。

（五）常用饲料添加剂

添加剂饲料主要是通过化学工业生产的饲料，包括营养性及非营养性添加剂。营养性添加剂可以补充一般饲料中含量不足的营养素，使所配合的饲料营养更加完善。非营养性添加剂是种辅助饲料，添加后可提高饲料的利用率，防止疾病感染，改善畜禽产品的品质，以达到高生产水平。

1. 营养性添加剂

（1）氨基酸　根据家禽的饲养标准及饲料中的含量，利用人工合成的晶体氨基酸来补足家禽的需要量，从而提高饲料蛋白质的质量，一般的使用方法是缺什么补什么，缺多少补多少，但需注意氨基酸的生物效价。

（2）维生素　维生素通常分为脂溶性和水溶性两大类。脂溶性维生素通常是指那些能溶于脂肪及其他脂溶性溶剂的维生素，包括维生素 A（视黄醇）、维生素 D（钙化醇）、维生素 E（生育酚）和维生素 K（抗出血维生素）4 种。水溶性维生素是指能溶于水的维生素，含有 B 族维生素和维生素 C（抗坏血酸）。

（3）矿物质　在动物体内约有 55 种矿物元素，其中必需的矿物元素 15 种。动物生命所必需的矿物元素按其在动物体内的含量划分为常量元素和微量元素两大类。常量矿物元素包括钙、磷、钠、钾、氯、镁、硫；微量矿物元素包括铁、锌、铜、锰、碘、硒、钴和钼。常用作饲料添加剂的微量矿物元素一般都以其无机盐或有机盐类以及氧化物、氯化物的形式添加。在配合饲料中最常用的是氧化物和硫酸盐，在家禽饲料中硫酸盐使用较多。常量元素有钙源、磷源、钠源、氯源添加剂。

①钙源。补充钙的饲料原料很多，有石灰石、方解石、大理石、石膏（硫酸钙）、白云石、白垩石、贝壳粉、骨粉等，大都以碳酸钙为主要成分。白云石因含有大量的氧化镁，一般慎用，多以石粉（主要指石灰石粉）为主要钙源。石灰石是天然的碳酸钙，一般含钙 35% ~39%，是补充钙最便宜、最方便的矿物质

原料。

②磷源。磷酸氢钙为白色或灰白色粉末，含钙不低于23%、磷不低于17%，性质稳定，略溶于水，利用率良好。磷酸二氧钙含钙不低于15%、磷不低于22%，其利用率比磷酸氢钙好。骨粉是畜禽钙、磷的良好补充饲料，所含磷量达10%，利用率较高，但因成分变化大、来源不稳定而且常有异臭影响其利用。

③氯源。精制食盐含氯化钠99%以上，粗盐含氯化钠95%，碘盐含碘0.007%。纯净的食盐含钠39%、含氯60%，此外，尚有少量的钙、镁、硫。食用盐为白色细粒，工业用盐为粗粒结晶。食盐在禽配合饲料中用量一般为0.25%～0.4%。在鸡饲料里至少需要食盐0.15%。使用含盐量高的鱼粉、酱渣等饲料时应防食盐中毒。

④钠源。硫酸钠的生物利用性良好，添加饲料中可补充钠、硫之不足，而不增加氯的含量。碳酸氢钠在缺钠饲料中可取代部分食盐，而不增加氯离子，本品也常作为助消化剂应用，夏季在鸡饲料中使用，可抗热应激。

⑤镁、钾、硫源。镁、钾、硫3种元素通常是以其硫酸盐的形式添加。

2. 非营养性添加剂

（1）酶制剂　可分为两类，即消化性酶和非消化性酶。饲料中常用的消化性酶制剂有α－淀粉酶、糖化酶、酸性蛋白酶和中性蛋白酶；非消化性酶主要包括木聚糖酶、果胶酶、甘露聚糖酶、β－葡聚糖酶、纤维素酶等非淀粉多糖酶和植酸酶。最常用饲用酶制剂是几种酶的复合物。

（2）抑菌促生长剂　这类添加剂的品种很多，有抗生素类、化学合成的抗菌药类及垂体激素中的生长激素。一般国家对其适用范围、用量、使用期及停药期均作了严格规定。

（3）驱虫保健剂　驱虫药的种类很多，但一般毒性较大，只能作为治疗药物，不能作添加剂长期使用。目前，世界各国批准的作为饲料添加剂使用的驱虫剂只有两类：一类是驱虫性抗生素，如越毒素A；另一类是抗球虫剂，如莫能霉素、盐霉素等。

（4）抗氧化剂　氧化变质的饲料产生异味，不仅影响饲料适口性、降低采食量，甚至引起畜禽拒食及疾病。常用的抗氧化剂有乙氧基喹啉，简称乙氧喹。

（5）防霉剂　霉变的饲料不仅影响适口性、降低采食量，还会影响饲料的营养价值，而且霉菌分泌的毒素会引起畜禽的拒食、呕吐、腹泻、生长停滞甚至死亡。常用的防霉剂有短链酸及其一些盐类，如丙酸、丙酸钠、丙酸钙及柠檬酸等。

（6）增色剂　为了提高畜禽产品的美观性及商品价值，有的饲料内需加入着色剂，如三黄肉鸡饲料中加入黄、红着色剂后，可使蛋黄及皮肤的颜色加深。

（7）调味增香剂　为了增进畜禽食欲，或掩盖某种饲料成分中的不良气味，在饲料中加入香料、调味剂，从而可以达到促进食欲、提高饲料效率的目的。常用的有花椒、味精、糖精等。

三、非常规饲料原料

非常规饲料原料的使用注意事项包括：大部分非常规饲料原料的氨基酸不平衡，缺乏某些限制性氨基酸，使用时要注意氨基酸的补充。对于脂肪含量较高的原料，注意检查其新鲜度，加快原料周转。多数非常规饲料原料会有抗营养因子或毒素，必须通过适当处理才能使用。大部分非常规饲料原料是豆科籽实加工副产品，产品质量和营养价值受加工艺影响很大，尤其是氨基酸消化率和可利用率。非常规饲料原料适口性差，要注意加工调制。谷物加工副产品能量较低，其比重小、体积大，用量过高时，动物无法采食到足够的营养。非常规饲料原料较易被掺假，使用时要注意鉴别。由于非常规饲料原料具有多方面的局限性，在使用时要注意根据各种饲料原料的实际情况进行适当的处理和调整。注意其营养特性、抗营养成分、物理特性以及经济价值等。

第二节　肉鸡饲料的配制

肉鸡饲料配方设计的目的是合理选用原料、科学配比、生产出优质配合饲料，以便进行肉鸡生产，获取最大的经济效益。因此，设计肉鸡配合饲料配方时，必须明确肉鸡的营养原理，查找肉鸡营养需要标准；考虑各饲料原料的特点，确定各种饲料的营养价值；还要考虑饲料资源的状况、供应渠道、价格及其稳定生产的可能性。

一、肉鸡饲料的分类

（一）按营养成分分类

按营养成分可将饲料分为配合饲料、浓缩饲料、添加剂预混合饲料等。

1. 配合饲料

根据畜禽的饲养标准和饲料原料的营养成分，充分利用饲料资源及饲料的营养价值等情况，经电脑计算制订营养完善、价格便宜的最佳配方，按照这个配方进行配制，均匀混合，可以直接饲喂的饲料，叫配合饲料。

配合饲料提供肉鸡饲养的全面营养，主要用于现代化养鸡，能够满足肉鸡不同阶段和不同生产用途的需要，可直接使用。

2. 浓缩饲料

浓缩饲料又称平衡用混合料，是根据饲养动物的饲养标准，由蛋白质、矿物质和添加剂预混合饲料按一定比例配制成均匀的混合物——半成品饲料。其突出特点是除能量外，其余营养成分的浓度很高，它含粗蛋白质25%～45%。使用时，只需按说明添加一定量的玉米、麸皮等能量饲料和豆粕即可配成配合饲料。

3. 添加剂预混合饲料

添加剂预混合饲料简称预混料，是根据饲养动物对微量成分的需要量，由一种或多种饲料添加剂与载体或稀释剂按一定比例配制的均匀混合物，包括单一型和复合型2种。单一型预混料是同种物质组成的预混料，如多种维生素预混料、复合微量元素预混料等；复合型预混料是由2种或2种以上添加剂与载体或稀释剂按一定比例配制而成的产品。3%～4%的预混料包括各种维生素、微量元素、常量元素和非营养性添加剂等，0.4%～1.0%的预混料不包括常量元素，即不提供钙、磷和食盐。

（二）按饲料形状分类

按饲料形状可将饲料分为粉状饲料、颗粒饲料、液体饲料和膨化饲料。

1. 粉状饲料

按配方要求，将各种饲料按比例混合后粉碎，或各自粉碎后再混合。这是目前生产浓缩饲料、精料补充料或部分配合饲料常用的形式。它生产工艺简单、投资少、耗电低，易与其他饲料混合，但粉尘大、损耗大、容易分级。

2. 颗粒饲料

粉状饲料经颗粒机加工成颗粒。颗粒的大小，根据饲喂对象而定。也有把颗粒饲料再破碎成2～4毫米的粒料，适宜于肉雏鸡或蛋雏鸡等。颗粒饲料，优点是鸡在采食过程中不能随意挑选，减少饲料浪费，而且便于饲喂机械化。其缺点是制粒及破碎成本较高。

3. 液体饲料

将各种原料按比例混合成液体状态。

4. 膨化饲料

膨化饲料是将粉状配合饲料、混合饲料通过高温（140～180℃）、高压（610千帕）的瞬间处理，而后采用间歇性的压力变化制得（如膨化大豆）。

（三）按饲喂对象分类

肉鸡料分为育雏料、中期料、后期料/宰前料或0～4周龄料、4周龄至上市料。种母鸡料分为育雏料、育成料、预产料、产蛋1期料和产蛋Ⅱ期料。

二、饲料配制原则

在配制家禽饲料时，必须以家禽的营养需要标准为基础，结合在实践中的生产反应，调整标准。除考虑饲料营养物质的数量外，还必须考虑所用饲料原料的适口性、加工过程的难易性。饲料原料的选择因地制宜，选择高价值饲料原料。根据系统工程的观点，“最大收益”型饲料配方才是最优配方，可通过动态优化等实现配方的优化筛选，不是以料肉比或其他生产指标作为唯一指标，而是以最佳投入产出比为依据。

（一）饲料配方设计的原则

1．科学性

根据不同类型、品种和日龄段肉鸡的营养需要，能够全面满足肉鸡的营养需求，以充分发挥肉鸡的生产性能。

2．经济性

饲料配方在满足营养需要的基础上，尽可能降低饲料成本。现在，计算机程序能够以价格为目标函数计算出最优化配方。

3．安全性

饲料配方除满足动物生长和生产需要外，还应考虑动物适应环境能力的需要。例如，对温度的变化、运输、转群、改换饲料配方的应激以及提高动物免疫力，动物都需要补充营养（维生素、能量、羟基蛋氨酸等）；考虑饲料配方中更多的营养组分的需要量，除蛋白质、维生素和矿物质外，还有脂肪酸、糖类等。

选用符合饲料标准的饲料原料，特别是牧草和其他天然植物，可提供维生素、矿物质、色素、多糖或其他提高动物免疫力的活性成分。严格遵守《允许使用的饲料添加剂品种目录》，产品由有生产许可证的工厂生产；添加的计量合理。不使用动物粪便作饲料，反刍动物禁止使用动物蛋白质饲料。在生产和贮存过程中没有被污染或变质。

4．确定饲养标准

肉鸡饲养标准是根据大量科学试验和生产实际经验得出的不同类型（多分为肉用和种用）肉鸡在不同日龄、不同体重、不同生产水平条件下所需要的各种营养物质的数量。饲养标准是在试验的基础上得出的一般性数据。而事实上，不同品种、不同饲养环境肉鸡对营养物质的需求量是不相同的。因此，要配合能满足肉鸡需要且不造成浪费的经济性配方，就必须根据影响条件的具体变化对饲养标准进行修正。一般育种公司都有自己的品种饲养标准。

5. 合理选择原料

(1) 充分利用本地资源　在选择原料时，须因地制宜，充分利用当地资源，精打细算，巧用饲料，尽量减少饲料原料的长途调入。

(2) 把握原料的营养成分及营养价值　确定了原料种类后，就必须知道该饲料的营养成分含量和营养价值。在营养指标中，蛋白质、脂肪、粗纤维、钙、磷、盐分等常规指标和氨基酸，可以通过化验，了解其准确数据，但消化能、代谢能、微量元素、维生素、可消化的氨基酸等化验时就比较麻烦，费时费工。所以，这些项目可参考饲料营养成分表。在设计配方时，能量必须考虑，但微量元素、维生素等在饲料中的含量仅作为安全量，一般不进行计算，配方设计时额外添加。

在购进原料时，最好每批都化验。检测含水量和营养成分含量。例如，玉米中蛋白质含量一般在7.5%~9%。日粮中玉米用60%时，如果按蛋白质含量7.5%计算，则玉米中蛋白质含量占日粮的4.5%；但若按9%时则为5.4%。这样，日粮中蛋白质水平相差0.9%。所以，每批原料都化验后，就可减少人为判断造成的误差。

(3) 饲料的特性及卫生要求　选择饲料配制日粮时，不含病原微生物及化学、物理等有害物质，还要注意饲料的有关特性，如适口性、饲料中有毒有害成分的含量、有无霉变、来源是否充足、价格是否合理等。在进行配方设计前，应根据饲料的营养特性和生产实践中的经验，来确定各种饲料可以占鸡日粮的大致比例。在添加药物时也要按照国家的有关规定执行。

6. 饲料组成

饲料组成多样化可以发挥各种饲料原料之间的营养互补作用。一般日粮除矿物质、氨基酸和维生素外，包含其他的精料种类应不少于3～5种，粗料种类应不少于2～3种。饲料组成应相对稳定，如果必须改变饲料种类时，应逐渐更换。

7. 计算配方时主要考虑的营养参数

（1）能量　鸡有为能而食的特点，能够根据饲料能值高低调整采食量。而不同种类、品种、体重、日龄、季节的肉鸡又有各自适宜的采食量。因此，要保证肉鸡采食的日粮满足能量需要，就必须把饲料的能量浓度调整到适宜的范围。能量一般在本品种的饲养规范中有说明。如果知道不同体重、不同生产性能肉鸡所需能量的计算方法，还可对标准进行调整。

（2）粗蛋白质　日粮中的粗蛋白质是肉仔鸡生长和种鸡产蛋所需要必需氨基酸和合成非必需氨基酸的氮的来源。肉鸡从出壳到6周龄，其体重可增加50～55倍，这种高速增长主要是体内蛋白质的沉积。由于蛋白质的重要性，在确定限制条件时，粗蛋白质含量必不可少。

（3）蛋白质能量比　饲料中粗蛋白质（克，千克）与代谢能（兆焦/千克）的比值，饲养标准中都可查到相应数据。

（4）钙和磷的含量　肉鸡需要的矿物质元素很多，但以钙、磷最重要，需要量也最多，计算饲料配方时需选作限制性条件。对磷的需要量，应该以有效磷作参数，计算出来的数据才更准确。

（5）钙磷比例　因为钙和磷的吸收相互之间有拮抗作用，即相互抑制对方的吸收。不同饲养阶段，钙磷之间应该有适宜的比例，其余微量元素、氨基酸、维生素等不足部分，应以添加剂的形式补充。

8. 需要考虑的其他因素

注意饲料的适口性；注意饲料的可消化性；注意饲料来源、种类、库存、质量、价格，全年是否均衡供应；为了简化配合饲料时的加工工艺，组成配方的原料品种尽可能少一些，一般以10种以下为宜；配制肉鸡料时，油脂的用量不宜过多；注意饲料的容积，糠麸类原料密度小、容积大，添加量应有所搭配，否则不宜包装运输；动物性饲料原料，如鱼粉、肉骨粉、骨粉等要考虑品质，适量添加，避免感染细菌性疾病；如饲料中添加国产鱼粉，应根据含盐量对食盐添加量进行调整；作为鸡的配合饲料原料应有其惯用比例，见表4－1。

表4－1　配合饲料原料的惯用比例　（%）

饲料名称	常用比例	饲料名称	常用比例
谷物	40～70	草粉、叶粉	<5
糠麸	10～30	贝壳粉	3～3.5
无毒性的油饼类	15～20	骨粉	2～2.5
有毒性的油饼类	<10	食盐	0.5
动物蛋白质饲料	3～10	维生素、微量元素添加剂	≈1（另加）

（二）肉鸡日粮配制的基本原理

1. 能量与蛋白质的平衡

肉鸡摄取饲料主要是为了满足能量需要。当能量得到满足时，采食即停止。如果日粮中能量不足，则要分解蛋白质来满足对能量的需要，而造成蛋白质的浪费。但能量过高时，鸡采食量减少，又会造成蛋白质不足，影响生长。因此，饲料中蛋白质、维生素、矿物质等必需营养物质的含量，应与饲料中能量的比例适当，才能达到耗料少、增重快、产蛋多的目的。

鸡的采食量除与饲料中代谢能有关外，舍内温度对能量需要的影响很大。在适温下变动最小，但在低温下能量需要明显增加，必须引起注意。

2．蛋白质与氨基酸的平衡

能否经济而有效地利用饲料蛋白质是养鸡成本高低的关键。所谓饲料蛋白质的品质好，是指日粮中蛋白质含有鸡所需要的各种氨基酸，而且比例适当。构成蛋白质的氨基酸有20多种，其中半数须由饲料供给，这样的氨基酸称必需氨基酸。必需氨基酸摄取量不足，就难以发挥鸡的生产能力。

通常饲料配合中，蛋氨酸或蛋氨酸加胱氨酸（在体内有协同作用）为第一限制性必需氨基酸，其次为赖氨酸与色氨酸。所以，在配制日粮时，应尽量满足上述3~4种氨基酸。2种以上蛋白质混合使用，比各自单独饲喂的营养效果要好。

3．钙、磷需要量及比例

钙与磷都是骨的主要成分，鸡体内矿物质总量的65%~70%是钙和磷的化合物。配制日粮时，除应注意满足钙、磷的需要外，还要按饲养标准注意钙磷的适当比例。因为磷的吸收与钙在饲料中的存在量关系很大。如果日粮中钙磷比例不适当或者呈结合状态，不易溶解，就会使吸收量降低而发生缺乏症。钙含量过多，既对雏鸡生长有害，也影响磷、镁、锰、锌等元素的吸收。

一般情况下钙磷比例：肉鸡以（1.1~1.5）∶1为宜，产蛋鸡以（5~6）∶1为好。鸡对植酸磷的利用率较低，雏鸡约30%，产蛋鸡约50%；而无机磷可100%利用。因此，日粮中须补充一部分无机磷，在日粮中缺少鱼粉时尤应特别注意。

4. 微量元素和维生素

大部分微量元素是激素和酶的成分，与维生素同样是物质与能量代谢过程中的活性物质，对调节体内物理化学反应，保持体液酸碱平衡、渗透压稳定及机体代谢起着不可替代的作用。与家畜相比，鸡消化道内微生物少，大多数维生素在体内不能合成；有的虽能合成，但不能满足需要，必须从饲料中摄取。标准中所列维生素、微量元素的数字是需要量，在应用时应根据鸡群生态、环境、饲养条件以及疾病等情况酌情增加安全量。可把标准中所列维生素数值作为添加量，把饲料中的含量作为安全量。对于微量元素，应根据各地区的具体情况和饲料来源酌定，但微量元素添加量不能超过标准，否则会引起中毒。

5. 粗纤维含量限度

鸡日粮中粗纤维含量应以2.5%～5%为宜。配制肉鸡日粮时，要注意动物性与植物性饲料的搭配，以提高饲料利用效率。常用的动物性饲料有鱼粉、虾糠、血粉、蚕蛹等，也可用鲜鱼、虾、蚌肉、蚯蚓等代替。动物性饲料的作用主要是平衡必需氨基酸，改变饲料中脂肪酸组成，影响饲料代谢能值和维生素的平衡以及对肠道内细菌群繁殖发生影响，而且含有所谓未知生长因子。配制日粮时，含鱼粉2%～5%即可，最多不超过7%，其他动物性饲料也以不超过10%为宜。

6. 日粮中的其他营养物质

食盐能提供鸡正常生理功能所需的钠离子和氯离子。配制日粮时，应把鱼粉含盐量考虑进去，以防食盐过量，造成中毒。

三、用原料粮配制配合饲料配方

（一）交叉法设计饲料配方

肉用仔鸡生长迅速。为了达到生长快的目的，肉用仔鸡的饲料多采用高能量、高蛋白质的颗粒饲料，使它吃得多，长得快，充分发挥其生产潜力。

我国的饲养标准分0～4周龄和4周龄以上2个阶段。设计者可根据需要选用。

设计配方时，要注意以下几点：第一，随着肉用仔鸡生产性能的提高，营养需要也要随着做相应的变动；第二，要根据最终体重、日龄、饲料效率等目标调整饲料体系和成分；第三，要考虑饲料对肉质的影响；第四，要根据饲养条件，特别是鸡舍构造和饲养密度来设计饲料配方。

交叉法又称方块法、对角线法。该法直观、易懂，适用于饲料种类少、营养指标要求简单的日粮配方。其缺点是：不能同时考虑多项营养指标，当饲料品种多时，此法计算较为复杂。此法常用于简单的混合日粮的配制浓缩饲料、精料混合料的稀释等。例如，欲配0～4周龄肉用仔鸡的饲粮，按照我国1986年饲养标准，粗蛋白质水平为21%。现有玉米（含粗蛋白质8.7%）和粗蛋白质为40%的肉用仔鸡浓缩饲料，为0～4周龄肉用仔鸡配制全价饲粮时，玉米和浓缩饲料各占多大比例？

平衡饲粮的步骤如下。

第一步，首先画一长方形，将欲配饲粮蛋白质（21）写在方块的中心。

第二步，在长方形上方写上浓缩饲料的粗蛋白质含量（40），在左下方写上玉米的粗蛋白质含量（8.7）。

第三步，将长方形对角线上数字相减（大数减去小数），然后在右上角上配上差数（21 - 8.7 = 12.3），在右下角配上差数（40 - 21 = 19）。

第四步，以方块右侧数字之和（19 + 12.3 = 31.3）为分母；再分别以右侧数字 12.3 或 19 作分子，相除再乘 100%，求出玉米和浓缩饲料各占饲粮的百分数。

玉米用量：$\frac{19}{19+12.3} \times 100\% = 60.7\%$

浓缩饲料用量：$\frac{12.3}{19+12.3} \times 100\% = 39.3\%$

列出配方：玉米 60.7%，浓缩料 39.3%。

（二）试差法设计饲料配方

这是目前最常用的饲料配方设计方法，可同时计算多个营养指标，不受原料和种类的限制。简单易学，不需要特殊的计算工具，用笔、算盘、计算器都可算出合适的配方，适合于配合饲料、浓缩饲料、精料混合料等配方的计算，但计算量大。要配平衡一个营养指标满足已确定的营养需要，一般要反复计算多次才能成功，盲目性大，成本可能较高。

试差法基本思路为：根据经验拟出原料的大致比例，用各自的比例去乘该种原料所含的各种营养成分的百分比；再将各种原料的同种营养成分之和相加，即得该配方的每种营养成分总量。将所得结果与饲养标准比较，如有任何一种营养成分不足或超过，可通过增减相应的原料进行调整和重新计算，直到相当接近饲养标准为止。

用试差法制订饲料配方的步骤如下。

第一步，首先查出饲喂对象的饲养标准。

第二步，选出可能使用的原料，确定其营养成分含量。

第三步，草拟配方。先确定能量和蛋白质饲料的大致比例，因为这2个指标是基础。要满足这2个指标所用的饲料占的比例最大。对于肥育鸡来说可以占96%～98%。产蛋鸡可以占90%～92%。这样，我们在设计各种饲料的配比时，前者设计到96%，后者设计到90%，留出4%或10%的比例来添加矿物质和各种添加剂。计算时就在96%或90%的范围内调整，以使能量和蛋白质这2个指标达到要求，这可避免多指标一起算所带来的麻烦。待这2个指标合乎要求后，再补充矿物质饲料和氨基酸、微量元素添加剂等。配方草拟好后进行计算，计算结果和饲养标准比较。反复调整，直到计算结果和饲养标准接近。

第四步，补充矿物质。在补充矿物质时，一般首先考虑磷，因为含磷饲料中也含有钙，补磷之后再计算钙含量，再补钙容易计算。食盐的添加量一般按饲养标准计算，不考虑饲料中的含量。

第五步，按照需要补充氨基酸。在饲料配方中计算的氨基酸含量与饲养标准比较，差多少补多少。目前，可补加的氨基酸主要有赖氨酸和蛋氨酸。所以，在计算时确定这2种氨基酸的添加比例即可。

第六步，补加维生素、微量元素和非营养性添加剂。

例如：选择玉米、豆粕、棉仁饼、鱼粉、油脂、骨粉、石粉及维生素预混料和微量元素预混料为原料，配合3～6周龄肉仔鸡配方。

第一步，查饲养标准：查NRC（1994）3～6周龄肉仔鸡饲养标准如表4－2所示。

表4－2　3～6周龄肉仔鸡饲养标准

代谢能（兆焦/千克）	粗蛋白质（%）	钙（%）	非植酸磷（%）	蛋氨酸（%）	赖氨酸（%）
13.38	20	0.9	0.35	0.38	1.00

第二步，查出所用各种饲料的养分含量（表4－3）

表4－3　饲料养分含量

项目	代谢能（兆焦/千克）	粗蛋白质（%）	钙（%）	非植酸磷（%）	蛋氨酸（%）	赖氨酸（%）
玉米	13.56	8.7	0.02	0.12	0.18	0.24
油脂	37.66					
豆粕	9.62	43.0	0.32	0.31	0.64	2.45
棉仁饼	9.04	40.5	0.21	0.28	0.46	1.56
鱼粉	10.29	61	7.0	3.50	1.65	4.30
骨粉			20.0	10.0		
石粉			35.0			

第三步，按能量和蛋白质的需要量初拟配方。初拟配方的方法是根据配方经验以及肉鸡饲料中各类饲料所占大致比例确定。肉鸡饲料中一般能量饲料占60%～70%，蛋白质饲料占25%～35%，矿物质饲料占2%～3%。其中含微量元素和维生素的预混料一般各占0.1%～0.5%，因此，此配方初步确定，玉米拟定65%，油脂拟定3%，鱼粉5%；棉仁饼虽然价格低，但适口性差且含有棉酚，故拟定为5%；豆粕20%，矿物质等按2%，详见表4－4。

表 4-4　初拟配方

日粮组成（%）	营养水平 ①	代谢能（兆焦/千克）饲料中②	代谢能（兆焦/千克）饲粮中①×②	粗蛋白质（%）饲料中③	粗蛋白质（%）饲粮中①×③
玉米	65	13.56	8.81	8.7	5.66
油脂	3	37.66	1.13		
豆粕	20	9.62	1.92	43	8.6
棉仁饼	5	9.04	0.45	40.5	2.03、
鱼粉	5	10.29	0.52	61	3.05
合计	98		12.83		19.34
标准			13.38		20

第四步，调整配方。上述配方经计算可知，配方中代谢能比标准低 0.55 兆焦/千克（13.38 - 12.83），粗蛋白质低 0.66%(20 - 19.34)。先调整能量，用能量较高的油脂代替玉米，每代替 1% 可使能量提高 0.241 兆焦/千克，可用 2.5% 油脂代替 2.5% 玉米；再调整蛋白质含量，此配方蛋白质相差较多，因此需要用蛋白质高的鱼粉代替蛋白质低的玉米，每代替 1% 可使蛋白质提高 0.523%，用 1.5% 鱼粉代替 1.5% 玉米，这时配方中代谢能为 13.38 兆焦/千克，粗蛋白质为 19.92%，此时代谢能和粗蛋白质指标与标准相近，可不作调整。

第五步，计算矿物质和氨基酸用量。根据调整好的配方，计算钙、非植酸磷、蛋氨酸、赖氨酸的含量（表 4-5）。赖氨酸与标准较接近可不作调整，蛋氨酸相差 0.12%，可加 0.13%；钙的含量比标准低 0.46%，磷的含量已满足，所以不用添加骨粉，钙用石粉补充，需用石粉补充的钙为 0.46% ÷35% =1.3%，原估计矿物质和维生素添加剂约占2%，现计算石粉1.3%，食盐正常应占0.37%，维生素和微量元素各占0.1%，蛋氨酸013%，总起来正好2%。

表4-5　饲料配方钙、磷、氨基酸与标准比较

项目	饲料组成（%）	钙（%）	非植酸磷（%）	蛋氨酸（%）	赖氨酸（%）
玉米	61	0.02	0.12	0.18	0.24
油脂	5.5				
豆粕	20	0.32	0.31	0.64	2.45
棉仁饼	5	0.21	0.28	0.46	1.56
鱼粉	6.5	7.0	3.5	1.65	4.30
饲粮中含量		0.54	0.37	0.26	0.99
标准		0.90	0.35	0.38	1.00

第六步，列出配方及营养水平。3~6周龄肉鸡饲料配方如下：玉米61%，豆粕20%，鱼粉6.5%，油脂5.5%，棉仁饼5%，石粉1.3%，维生素预混料0.1%，微量元素预混料0.1%，食盐0.37%，蛋氨酸0.13%，合计100%。营养水平：代谢能13.38兆焦/千克，粗蛋白质19.92%，钙0.90%，非植酸磷0.37%，蛋氨酸0.39%，赖氨酸0.99%，食盐0.37%。

第五章

商品肉鸡的饲养管理

一、肉仔鸡的特点

（一）体温调节能力差

新出壳雏鸡体温比正常鸡低2～3℃，7～10日龄趋向正常，3～4周龄时才具有较好的体温调节能力。雏鸡羽毛短而稀疏，保温能力差。体重虽小，但单位体重表面积大，散热多。因此，在肉仔鸡饲养的前、中期要做好保温控温工作。35日龄以后肉仔鸡虽具备适应外界环境温度变化的能力，但为了保证其生产性能的发挥，仍要维持适宜生长温度。

（二）代谢旺盛，生长速度快

肉仔鸡代谢旺盛，对氧气要求较高；雏鸡生长发育快，5周龄时体重已达出壳重的10倍左右，平均每周增长2倍。肉鸡出壳体重在40克左右，饲养7周龄时体重可达25千克，为出壳时体重的60多倍。饲养过程中，环境条件稍不合适，就容易导致腹水症、腿病和胸囊肿。因此，必须给肉仔鸡创造良好的舍内环境条件，提供各种营养成分平衡充足的饲料。

（三）消化能力差

肉仔鸡是单胃动物，盲肠不发达，消化道缺乏纤维素酶，对粗纤维的消化能力特别差；肉仔鸡出栏时间早（7～8周龄），大部分时间处于雏鸡阶段，而雏鸡的胃肠道容积小，消化机能尚不健全，对食物的消化能力差。因此，要求给肉仔鸡饲喂易消化的饲料，并采取少量多次上料方式。

（四）抗病力弱

肉仔鸡的抗病力弱，加之饲养密度大、饲养期短，一旦发病，很快传播，难以控制，即使痊愈，也会造成难以弥补的损失。因此，必须加强卫生消毒和预防免疫工作。

（五）敏感性强

肉仔鸡对周围环境的变化非常敏感，噪声、颜色的变化或生人进入都会引起鸡群骚乱。因此，保持环境的安静与饲养管理的相对稳定对肉仔鸡生产尤为重要。

（六）生长期短，资金周转快

肉仔鸡一般6周龄即可出售。第1批鸡出售后，鸡舍清扫、消毒空舍约2周，接着又可饲养第2批鸡。这样每栋鸡舍一年可饲养4～5批肉仔鸡。

（七）耗料少，饲料报酬高

2.5千克的肉仔鸡消耗饲料约5千克，料重比已达2∶1甚至更低。从各种畜禽料肉比看，肉牛为5.0∶1，猪为(3.5～4.0)∶1，生产1千克猪肉的饲料可生产2千克肉鸡。

（八）饲养密度大，房舍利用率高

肉鸡不爱活动，尤其是肥育后期，体重大，活动更少，大约70%的时间都是卧地休息。每平方米面积可饲养8～10只，国外由于各项技术先进和配套，舍内环境条件好，每平方米饲养的鸡数高达20只。

（九）肉质好，屠宰率高

肉鸡的肉质细嫩，味道鲜美，易于加工，在开水中5～6分钟即可煮熟，烹调十分方便。鸡肉中蛋白质含量高，脂肪适中，生物学价值为83%，而猪肉为74%，是人类较佳的肉食品之一。

肉仔鸡的性情温顺，生长快，体重大，容易发生骨骼外伤和胸、脚病；此外，肉仔鸡的抗逆差，对环境条件的变化敏感。因此，在选择饲养方式时对这些特性必须给予充分的考虑。

二、进雏前需要安排的事项及进雏

（一）进雏前的准备

饲养肉鸡，在进雏前有很多工作要做，而且要细。检查、整理、维修鸡舍内所有设备，并试运转，做到100%的完好。

1. 全场消毒

认真彻底打扫和冲洗鸡舍，做到鸡舍、鸡笼等无粉尘，无粪迹，无羽毛，无残留饲料，保证鸡舍清洁干净。做好鸡舍、笼具、用具等的消毒。有条件的尽量采用三步消毒法，第一步用专制的火焰喷射器喷烧一遍（主要指笼具、地面、墙裙等火能烧的地方）；第二步用广谱消毒剂喷洒消毒；第三步熏蒸消毒，熏蒸消毒要在进鸡前一个月进行，鸡舍最好封闭2周，所用器具都应放在鸡舍内一同熏蒸；至少在进鸡前1周开始通风换气，以除掉残留的甲醛，防止雏鸡中毒。

生活区、办公区、生产区、生产用道和污道用2%～3%烧碱水或者是优质、廉价、高效的消毒药全面彻底消毒，做好人员防护、物品防护；消毒池长期盛有消毒水。进鸡前第3天整舍消毒。选用高效可带鸡消毒的消毒药。

2. 设备检修

为了进鸡后各项设备都能正常工作，进鸡前第5天开始对舍内所有设备重新进行1次检修。供暖系统（设备、烟囱、烟道）要求供暖设备清理干净、运转正常；烟囱、烟道接口完好、密封性好和无漏烟现象。供水系统（压力罐、盛药器、水线和过滤器）要求压力罐压力正常、供水良好；管道清洁、水流通畅；过滤网过滤性能完好；水线调高度的转手完好，水线悬挂牢固高度合适、接口完好和管腔干净，乳头不堵、不滴和不漏。供料系统要求料线完好，便于调整高度，上料正常，料盘完好，无漏料现象。通风照明及清粪系统要求风机电机完好，转动良好，噪声小；电路接口良好，线路良好，无安全隐患；刮粪机电机、链条、牵引绳子和刮粪板完好，结实、运转正常；照明灯干净明亮，开关完好；门窗封闭完好，无漏风现象。

3. 确定育雏面积

悬挂塑料隔断根据进鸡数量和季节，确定育雏面积，通常育雏面积占整舍饲养面积的1/3；悬挂塑料隔断，从上到下，降低育雏空间，便于升温和保温。夏秋季节可用1层隔断，冬春季节可用2层隔断，2层隔断之间的距离正好是第一次扩群所要到达的位置。同时注意关闭好隔断处水线上的阀门。

4. 加强垫料的使用和管理

（1）垫料的选择　常用垫料有稻壳、刨花、麦秸、稻草、锯末和沙子等，各类垫料原料均有不同的优缺点，最好选择不同垫料混合使用。

①稻壳。松散易用，但吸湿性稍差，易受到农药污染，最好与其他垫料混合使用。稻壳容易被鸡采食而被消化吸收，由于稻壳易于铺撒，使用后便于翻动，出栏后易清除清扫，所以目前得到普遍使用。

②麦秸或稻草。一般切割后使用，松软而且吸湿性好。但容易受到农药、霉菌及其他毒素污染，有害肉鸡健康。降解速度较刨花慢，且容易发酵产热，也不宜单独使用。最好与刨花各50%

混合使用。

③刨花。有较好的吸湿性和降解性。但容易受到农药污染，造成肉鸡中毒。同时容易形成氯胺，造成垫料腐败。实际上由于刨花价格较贵、数量稀少，一般较少采用。

④锯末。不宜单独使用，灰尘较高，而且能被消化吸收。

⑤沙子。通常在干旱或沙漠地区的水泥地面使用。使用效果好，但必须经常添加新沙导致厚度较高，鸡的运动较困难。

（2）铺设垫料　如果是地面养鸡，进鸡前第 2 天铺好垫料。使用垫料饲养，必须首先保证鸡舍地面易于清洗消毒，最好使用水泥地面，不但利于冲洗消毒，而且利于垫料使用过程中翻动管理。垫料管理的重点是经常翻动垫料，保持垫料的干燥。垫料潮湿、结块、发霉和发酵，是导致鸡舍空气质量差的最重要原因。鸡舍的垫料厚度应保持 8 ~ 10 厘米，在鸡舍内要均匀分布，一次性铺好。鸡舍使用垫料的厚度主要看鸡舍的建筑质量和隔热效果，鸡舍保温隔热效果好垫料可浅一些，否则就要加厚垫料。鸡舍使用的垫料原料要满足良好的吸湿性、生物降解效果、舒适、清洁、粉尘含量最低和不易腐败等要求。

（3）垫料管理　应购买干净可靠、没有受到农药或霉菌污染的新鲜垫料原料。垫料运到鸡场后，要注意垫料储存，避免野鸟、鼠类接近垫料，防止病原菌污染，防止受水潮湿发霉。垫料使用前如有必要可对垫料进行晾晒，保持垫料干爽和防霉。适时翻动垫料，或更换已经潮湿的垫料，始终保持鸡舍内垫料干燥松软，均匀平整。如在养殖期间更换垫料，垫料带入鸡舍使用前，用甲醛和高锰酸钾熏蒸消毒处理。经常检查维护好饮水系统。通风不好、高湿气候、高盐日粮、密度过大和肠炎疾病等都会影响垫料舒适性。

5．铺好开食布或开食盘

开食布或开食盘不要置于水线正下方，以免影响雏鸡喝水或漏湿开食布；同时把温度表、干湿度表悬挂于舍内合适的位置，高度与鸡背相平。

6．点燃炉子

对鸡舍进行预加温，冬春季进鸡前 1 天点燃炉子，夏、秋季可以根据鸡苗到场的时间提前 6～8 小时点燃。同时开启环境控制系统，调好电脑，控制舍内温度为 28℃，并仔细检查温度探头悬挂位置是否合适。点燃茶水炉烧开水，一是供雏鸡饮用，二是喷洒加湿。

7．加湿

进鸡前 1 天可用喷雾器向舍内墙上、走廊上、炉道及烟囱下面适当喷洒清水，最好选用温水或热水，加湿效果好；地面养鸡要避开垫料，防止垫料潮湿引发疾病。要求进鸡前相对湿度达到 70%。

（二）进雏

1．雏鸡的选择

肉仔鸡品种的选择及饲养方式是饲养好肉仔鸡的关键。各地区饲养肉鸡，应根据本地区的实际情况、气候及市场情况来确定饲养品种。鸡苗质量是肉鸡饲养成功的基础。合格的雏鸡应符合绒毛蓬松、精神活泼、体格健壮、脐带愈合良好、腿脚部皮肤丰满圆润、跗关节无红肿、鸡苗无脱水的质量标准。为了保证肉鸡场接收到合格的鸡苗，通常要做好以下几方面的工作。

（1）选择优良品种　优良品种主要包括大型肉鸡（如 AA、罗斯 308、科宝等）和黄羽肉鸡（快速型、中速型和慢速型）。

（2）引用无垂直传播疾病的健康雏鸡　从非疫区引进不带有

鸡白痢、白血病等的健康雏鸡。

（3）做好鸡苗的存储工作 鸡苗存储大厅如果空间窄小或没有安装自动环境控制系统，将会导致鸡苗存储大厅局部温度过高或过低、通风不良，使鸡苗遭受高（低）温、脱水或缺氧等应激，从而影响雏鸡质量。

2. 重视雏鸡的运输环节

装运雏鸡前，要对运雏工具和雏鸡盒消毒；雏鸡盒周围应有孔，要求雏鸡盒加垫瓦楞纸，以减小运输过程中雏鸡腿病问题的发生；建议运输车辆安装自动环境控制系统，使车厢内温度保持在18～25℃、湿度为65%、每千克体重最小换气量达到20英尺^3/分钟（1英尺^3=0.0283方米^3）。如果运输车辆无通风措施或通风有死角都有可能造成雏鸡过热、脱水或缺氧。在寒冷季节如果运输车辆无空调等加温设备，雏鸡常常会遭受冷应激或由于过度保温密闭导致缺氧；行车要平稳，防止剧烈颠簸和急刹车，途中不得停留；运输中要经常观察，注意雏鸡盒是否歪斜、翻倒，防止挤压或窒息死亡。运输时间选择要合适，冬季选择中午运，夏季在早晚运，要在出壳后48小时以内到达目的地。

三、饲养方式

养殖户要根据自身劳力、饲养技术和资金、设备等条件，确定合理的饲养规模。目前，肉用仔鸡采用的饲养方式主要有以下几种。

（一）地面平养

该饲养方法是目前较为普遍的饲养方式，它是在鸡舍内地面上铺垫10厘米左右厚的垫料，垫料要求松软、吸水性强、新鲜、干燥、不发霉，将肉仔鸡饲养在垫料上，任其自由活动。面积小的养几百只鸡，面积大的养至几千只或几万只。大群饲养需隔离成小间，每小间可养500只左右。

垫料的方式有2种：一种是经常松动垫料，去除鸡粪晒干后再使用，必要时才更换新鲜垫料；另一种是平时不清除鸡粪，根据垫料的污染程度连续性的加厚，待饲养这一批肉鸡结束后才一次清除干净。常用的垫料有切断的玉米秸、破碎的玉米棒、小刨花、锯末、稻草、稻壳、麦秸等，以小刨花或多种混合使用为好。厚垫料饲养的优点是简便易行，投资少，设备简单，节省劳动力，肉仔鸡胸囊肿的发生率低，残次品少。缺点是鸡只直接接触鸡粪，球虫病难以控制，药品和垫料费用大，鸡只占地面积大。

(二) 网上平养

网上平养是将鸡饲养在特殊的网架或网床上面。网上平养很受饲养户的欢迎。

目前的网养设备一般由竹板做成，用间距为2.5厘米的竹排，也可用铁丝网架制成，为减少胸、趾疾病的发生，可在网上面铺上层塑料网，在塑料网的上面再放上喂料和饮水设备，鸡群在其上面活动，根据日龄的大小，更换孔眼不同大小的塑料网片。在生长的后期为减少粪便在网片上储积污染鸡的羽毛等，可提前撤去塑料网片。网上平养的优点是鸡不直接接触粪便，粪便从网孔眼漏下，可减少球虫病的发生；另外，管理方便，劳动强度小。但也存在一次性投资大，胸、脚病发生率比厚垫料平养高等问题。

竹竿网上平养是选用2厘米左右粗的圆竹竿，平排钉在木条上，竹竿间距2厘米左右，制成竹竿网，再用支架架起离地50厘米左右，可在网上面铺上层塑料网，鸡群就生活在竹竿网上。也可选用15厘米左右的圆木或方木搭成木架，上面每隔10～15厘米用铁丝串起，在铁丝上面铺塑料网。

(三) 笼养

笼养就是肉仔鸡从出壳到出售，一直饲养在笼内。笼具有的采用金属制成，有的采用塑料制成。

目前，国外多采用塑料制成，特别是新研制的笼底网，使粪便从孔眼漏下时，粪便不沾网片，大大减轻了疾病的感染。肉仔鸡笼养的优点是能有效地控制球虫病的发生，提高饲养密度，提高鸡舍空间利用率，便于饲养管理和公母分饲，减少饲料浪费，并能节省燃料、垫料等。缺点是一次投资费用大，易发生胸囊肿和胸骨弯曲，商品合格率低，对环境和营养条件要求高，很难推广使用。但从长远观点看，肉仔鸡笼养是发展的必然趋势。

(四) 笼养和散养相结合

不少地区的肉鸡饲养户，在育雏阶段，即3～4周龄以前采用笼养，然后转群改为地面厚垫料散养。这种饲养方式由于前期在笼养阶段体重小，胸囊肿发生率低。而且笼养也便于集中供暖，控制好环境温度。

总之，肉仔鸡的饲养方式有很多种，饲养者可根据当地的实际情况，选择适当的饲养方式。

四、饲养技术

根据肉鸡的生长发育规律及饲养管理特点，快大型肉鸡饲养阶段可分为育雏期（0～3周龄）和肥育期（4～6周龄）；慢速型黄羽肉鸡大致可划分为育雏期（0～5周龄）、生长期（6～11周龄）和肥育期（12周龄后或出栏前2周）。在实际生产中，各饲养阶段的长短受到肉鸡品种和气候条件等的影响，饲养阶段的长短应根据实际情况决定。

（一）饲养管理制度

肉鸡养殖通常采用“全进全出”、“公母分群”、“限制饲养”的饲养管理制度。

1. 全进全出

所谓“全进全出”，就是在同一场、区内只进同批日龄相同的鸡，并在同一天时间全部出场，做到全场无鸡，出场后彻底打扫、清洗、消毒，切断病原的循环感染，消毒后密闭一段时间，再接着饲养下一批鸡。

全进全出是保证鸡群健康、根除病原的最有效的措施。与过去连续式生产制度相比，肉鸡生长速度快、饲料报酬高、成活率高。

2. 公母分群饲养

按公母分别调配日粮营养水平。由于公鸡生长速度快，易发生胸部疾病，因此，应给公鸡提供优质松软的垫料。公鸡 8 周龄后、母鸡 7 周龄后体重增长速度下降，公鸡 8 周龄时料重比 2.06：1，母鸡 7 周龄时料重比 1.95：1，如果再继续饲养，饲料报酬降低，饲养成本加大，因此，应按经济效益分别出栏。

第 1 次挑选雏鸡应在雏鸡到达育雏室时进行，挑出弱雏隔离饲养，淘汰残雏，以净化鸡群。第 2 次选雏一般放在首次接种疫苗时，把个体小、长势弱的雏鸡隔离后加强饲养。如果有性别鉴别能力的养殖户，最好在分群时把公母分开，以调整日粮，提高饲料利用率，发挥更大的生产性能。

3. 限制饲养

在肉鸡早期进行限制饲养，可减少腹水症的发生。限制饲养方法有 2 种：一种是限量不限质法。据山西农业大学刘桂林、王锦平关于肉仔鸡早期限制饲养的试验研究，对 7 日龄艾维茵肉仔鸡进行 10 天限饲饲喂，限饲量分别为对照组的 70%、60%、55% 和 50%，18 日龄后各组改为正常饲喂，达 56 日龄时，除限量为 50% 组日增重较低外，其他各组分别比对照组提高 8.6%（$P<0.05$）、7.8%（$P<0.05$）和 7.26%，饲料报酬和腹水综合征发病率以限量 60% 和 55% 较好。另一种方法是限质不限量，这是一个切实可行的早期限饲方案，此方案的目的是使雏鸡 3 周龄时只有标准体重的 90%，在 21 日龄前降低能量和蛋白质水平（表 5－1）。

表 5－1　控制腹水综合征的早期限饲程序

饲料	日龄	粗蛋白质（%）	能量（兆焦/千克）	赖氨酸（%）	蛋氨酸＋胱氨酸（%）
育雏料	0～21 日龄	21.0	12.335	1.10	0.85
中期料	22～35 日龄	19.0	12.753	1.00	0.80
后期料	36 日龄至上市	17.5～18.0	13.172	0.95	0.75

（二）雏鸡的初饮和开食

育雏期的目标就是使各周龄体重适时达标，争取高的育雏率。

1. 及早饮水

1 日龄雏鸡第一次饮水称为初饮。肉仔鸡的初饮一般在 12～24 小时，最长不超过 36 小时，初饮对肉仔鸡很重要，这是因为出雏后大量消耗体内的水分，此时在饮水中加入 5% 葡萄糖和 0.1% 维生素 C，最好同时使用高效电解多维，有利于雏鸡体力的恢复和生长。肉仔鸡初饮后，无论何时都不应该再断水。饲养中要防止长时间断水后引起雏鸡暴饮。雏鸡出壳后处于高温、高密度条件下，体内水分消耗多，特别是经过长途运输容易发生脱水。在雏鸡运抵鸡舍后的半天内，饮水要比喂料重要得多。应放置足够的饮水器以保证所有的鸡只都能够喝到水，并注意水温应在16～22℃。对不会饮水的雏鸡进行调教，可将鸡喙碰触饮水乳头或饮水器而使其学会饮水。

2. 适时开食

雏鸡的第一次吃食称为开食。“开水”后3～5小时“开食”。开食时间一般在出壳后24～36小时，这时已有60%～70%的雏鸡有啄食表现。“开食”的早晚直接影响初生雏鸡的食欲、消化和以后的生长发育。开食的方法有很多，可以用开食盘或浅边食槽；最简单易行的方法是将准备好的硬纸片或塑料布平铺在鸡架或鸡笼内，在上面撒上饲料，当有一只鸡开始啄食时，其他鸡也随之模仿食之。

开食饲料用配合饲料效果较好。喂料次数为第1周每天喂5～6次、第2周每天喂4～5次、第3周每天喂3～4次、第4周后每天喂3次；在不同的饲养阶段提供不同的饲料量，以刺激鸡群的采食而取得好的饲养效果。

雏鸡开食后就进入正式饲喂阶段。大多鸡场都采用让鸡只自由采食，也有的鸡场采用前期限制饲喂，以控制腹脂。不管采用哪种饲喂形式，都可根据具体情况而定。喂料时应少添勤添，第1周把料拌潮湿、松散为宜。一般每2小时添一次料。以后每天填料不得少于6次。勤添料可以刺激鸡的食欲，减少饲料浪费，另外料槽或料桶内的饲料不应多于容量的1/3。同时还应注意更换料、阶段料的过渡，更换或阶段过渡饲料时一般采取以下3种方式：假设A为前料，B为后料，两者分别包括不同期或不同批次的饲料。

第一种方式：2/3 的 A 料加 1/3 的 B 料混合饲喂 1 ~2 天；1/2 的 A 料加 1/2 的 B 料混合饲喂 1 ~2 天；1/3 的 A 料加 2/3 的 B 料混合饲喂 1 ~2 天；然后全喂 B 料。

第二种方式：2/3 的 A 料加 1/3 的 B 料混合饲喂 2 ~3 天；1/3 的 A 料加 2/3 的 B 料混合饲喂 2 ~3 天；然后全喂 B 料。

第三种方式：1/2 的 A 料加 1/2 的 B 料混合饲喂 3 ~7 天，然后全喂 B 料。

采用过渡饲料的方式饲喂，目的是减少由于突然换饲料所带来的应激反应。

3. 饲料营养全面

应喂以优质的全价饲料，1 周龄内的雏鸡对营养水平的要求高（粗蛋白质 >21%，代谢能 12.5 ~13.0 兆焦/千克），所以此期的饲料营养水平很关键。2 ~3 周龄为了降低营养代谢病（腹水症、猝死症和腿病等）的发生率，可以进行适当的限饲。也可以在 1 周龄内喂以高营养水平的开食料，而在 1 周龄后配制粗蛋白质 >21%、能量 11.5 ~12.5 兆焦/千克的雏鸡饲料。

育肥期则应供给全价饲料和清洁饮水。最好用全价颗粒料，此期的营养以高能量为主，粗蛋白质水平可降至 18%，有条件者则可在饲料中加入 1% ~3% 的油脂以增加能量。夏天更应该注意鸡群饮水的净化及水槽和料槽的消毒。

五、管理中需要注意的事项

（一）温湿度控制

育雏期非常重要，是提高养鸡经济效益的关键，育雏期的管理操作直接影响到中、后期的生长发育和鸡只的成活率，而育雏中最重要的一关是1日龄关。所以，做好1日龄的管理尤为重要。要把好1日龄关，必须掌握好温、湿度。

1. 温度

肉鸡对温度非常敏感，不论前期或后期，温度的管理都具有同等重要性。温度高时影响肉鸡采食量，食欲不高、饮水增加，增重限制；温度低时肉鸡的采食量增加，舍温低1℃时，鸡约多吃料1%，直接影响生长和饲料率，这样用饲料去代替热能维持体温是一种浪费。肉仔鸡育雏1日龄的温度一般要求34～36℃，根据气候条件、体质强弱等温度相应改变，冬季或体弱的偏高些，可升高1～2℃，温度要求均匀、恒定，最忌忽高忽低。肉鸡对温度的要求，第1周以31～33℃为好，其中入舍第1～2天可以达到33～36℃，以后每周下降2～3℃，5周龄温度达到20℃，这个温度一直维持到出栏（表5－2）。

表5－2　建议的育雏温度　（℃）

日龄	适用控温育雏伞		整体供暖
	控温育雏伞下	控温育雏伞周围	
0～7	31～33	27	29～31
8～14	29～31	24	27～28
15～21	26～28	24	24～26
22～28	23～25	22	22～24

通常，鸡群本身的表现就可判断温度是否适宜。温度适宜，鸡群分散均匀，安闲休息或来回跑动，羽毛光顺；温度过低，雏鸡闭眼尖叫、扎堆、挤向火源或光照强的地方，影响脐带愈合及卵黄吸收，甚至造成死亡；温度过高，雏鸡分散均匀，两翅展开，张嘴喘气，不爱吃食，饮水增加，排水便，易诱发呼吸道病

和脱水症。饲养者应经常观察鸡群的这种动态，注意随时调节控制好适宜的温度，才能获得良好的饲养效果。为了保持舍温恒定，首先要求2～3天预温，夏季要求提前一天预温，以便达到雏鸡要求的温度。

此期温度特别重要，如果温度过高或受寒，雏鸡会出现腹泻、卵黄吸收不良、应激和脱水等病症。要勤观察并根据需要及时调整育雏温度和鸡舍的通风。

2. 湿度

不同日龄的肉鸡对湿度有不同要求，尤其在1日龄，一般要求相对湿度在70%左右。因此，需向地面勤洒水，用火炉取暖的鸡舍，可在火炉上放置敞口器皿，盛放开水。以便蒸发，保证温度。适宜的相对湿度对雏鸡发育有利，不仅能促进卵黄吸收，而且能有效地控制雏鸡饮水量，防止雏鸡脱水。增加湿度的方法还有带鸡喷雾，视育雏室的干燥情况，每日做到用背负喷雾器进行2～3次带鸡消毒，并视室内温度高低，酌定用凉水还是温开水。

肉鸡对湿度的要求，第1周以65%～70%为宜，其中入舍第1～2天应保持在70%，第2～8周以50%～65%为宜。育肥期相对湿度65%～60%，不低于55%。要防止脱水及飘飞的绒毛刺激鸡呼吸道，从而诱发呼吸道系统的疾病。严禁出现高温高湿、低温高湿和干燥3种情况，否则会导致鸡群生产性能和均匀度较差，容易诱发呼吸道疾病。

（二）饲养密度控制

“密度”的完整概念应包含3方面的内容：一是每平方米面积养多少只鸡；二是每只鸡占有多少食槽位置；三是每只鸡饮水位置够不够。三方面缺一不可。

饲养密度对雏鸡的生长发育有直接影响。密度过大，舍内空气容易污染，卫生环境不好，吃食拥挤，抢水抢料，饥饱不均，造成雏鸡生长发育缓慢，发育不整齐，易感染疾病和发生啄癖，使死亡率增加；密度过小虽然鸡的生长发育较好，但不易保温，造成人力、物力浪费，使饲养成本增高。因此，要根据鸡舍的结构、通风条件等具体情况确定合理的饲养密度。

肉仔鸡适合高密度饲养，但究竟密度多大为好，要根据具体条件而定。例如，在地面垫料上饲养以密度适当低些为好，在竹竿或塑料网上饲养密度可以大一些。通风条件好密度可高一些，通风条件差密度可低一些，寒冷季节密度可大一些，温暖季节密度可低一些。肉鸡的饲养密度通常以出场时的每平方米鸡只数来计算，现将2种密度列于表5-3。

表5-3　肉用仔鸡饲养密度　（只/米^2）

体重（千克/只）	厚垫料群养	竹竿网养	塑料网养	爱拔益加推荐	黄羽肉鸡
1.4	14	17	16	18	16
1.8	11	14	15	14	14
2.3	9	10.5	14	11	
2.7	7.5	9	12	9	
3.2	6.5	8	9	8	
体重（千克/米^2）	20	25	27	25	25

前期饲养密度则不能以体重来计算。入雏时每平方米可养到30~50只，以后逐渐疏散调整，最后控制在表5-3范围内。食槽位置一定要充足，保证每只鸡都能充分采食。一般在第1周每100只鸡雏要配备1~2个平底料盘（大盘1个，小盘2个）。以后改用食槽，要求每只鸡要占有5厘米的位置，如果用料桶则每50只鸡一个料桶，大鸡时一般每20~40只鸡1个料桶。

饮水位置在不断水的前提下，前2周每70只雏鸡一个饮水器（容量为4千克）。以后改用水槽时每只鸡占有2厘米的饮水位置，如果用圆钟式自动饮水器，则每个饮水器可供120只鸡使用。生产中要根据肉雏的周龄，及时更换不同型号的饮水器，育雏开始使用小型饮水器，4～5日龄时将小型饮水器移到自动饮水器附近，待7～10日龄鸡习惯用自动饮水器时，换掉小型饮水器。自动饮水器数量要足够，布置要均匀，饮水器的间距大约25厘米，饮水器相隔太远，鸡不易找到水喝。饮水器距地面的高度应随鸡的日龄增长不断调整，饮水器过高或过低，鸡饮水都不方便。

（三）通风换气

由于肉鸡饲养密度大、生长快，随着体重的增加，气体的交换量显著增加，舍内空气易变污浊，环境恶化，鸡体缺氧，呼吸困难，易导致腹水症及其他疫病。因此，加强舍内环境通风，应保持空气的新鲜。当鸡舍通风不良，舍内有害气体含量过高，时间过长时，不仅影响肉鸡的生长速度，还可能引起呼吸系统疾病。当舍内氨气浓度长时间超过20毫升/米^{3}时，鸡眼结膜受刺激，可能导致失明。空气缺氧会使肉仔鸡腹水症发生率大为提高，鸡群的生长速度和成活率都会大受影响。

在适度规模化肉鸡饲养场，通风与保温的关系，从设计上已做了充分的考虑。第1～2周龄可以以保温为主适当注意通风，3周龄开始则要适当增加通风量和通风时间。4周龄以后除非冬季，则应以通风为主，特别是夏季，通风不仅能提供鸡群代谢充足的氧气，同时还能降低舍内温度，提高采食量，促进生长速度。

肉鸡正常的生长发育除对空气量的要求外，更重要的是对空气质的要求。合格的肉鸡舍空气质量标准为空气中的氧气含量大于19.6%、二氧化碳浓度低于0.3%、氨气和一氧化碳浓度低于

10 毫克/千克、粉尘小于 3.4 毫克/米^3。安装全自动环境控制系统的现代化肉鸡舍能够容易地实现肉鸡舍的温湿度和通风要求，从而为肉鸡健康快速的生长发育提供更好的保障。

（四）光照

科学光照有利于肉鸡的采食和生长。采用弱光是肉仔鸡饲养管理的一大特点。弱光照可降低鸡的兴奋性，使鸡经常保持安静的状态，这对鸡增重有益。育雏的最初 3 天之内可以给予较强的光照，随后则应逐渐降低，第 4 周开始必须采用弱光照，实际上只要鸡只能看到采食、饮水就足够了。对于有窗鸡舍或开放式鸡舍，要避免阳光直射和过强。对于密闭式鸡含，应安装光照强弱调节器，按照要求控制光照强弱。

对光照时间，大多数肉鸡饲养者只在进雏后第 1 ~ 2 天通宵照明，其他时间都是晚上停止 1 小时照明，即 23 小时光照时间。这 1 小时黑暗只是让鸡群习惯，一旦停电不致引起鸡群骚乱，在全密闭的鸡舍，可实行 1 ~ 2 小时光照，2 ~ 4 小时黑暗的间隙光照方法，肉仔鸡的增重和饲料转化率与持续光照效果相当或略好。这种办法可以节省电费，也可明显提高肉鸡饲养效果。同时，应用光照控制程序可以降低腿病的发生率和降低死亡率。这种办法只要在密闭鸡舍内安装定时开关就可做到。一般情况下鸡舍内的光照时间和强度可参考表 5 – 4。

表 5 – 4　肉仔鸡的光照时间和强度

周龄	第 1 周	第 2 周	第 3 周	第 4 周	第 5 周	第 6 周	第 7 周	第 8 周	第 9 周
时间（小时/天）	23（3 天后）	23	23	23	23	23	23	23	23
强度（瓦/米^2）	2.5 ~ 3.0	1.5 ~ 2.0	1.0 ~ 1.5	1.0 ~ 1.5	1.0 ~ 1.5	1.0 ~ 1.5	1.0 ~ 1.5	1.0 ~ 1.5	1.0 ~ 1.5

也有资料和数据表明，在光照强度和光照时数相同的条件下，肉仔鸡在红光环境中比在白光环境中增重快，饲料报酬高，腿病发生率低，原因在于红光可使肉仔鸡安静，降低其对外界的敏感性，减少应激。

1～7 日龄每天光照 23 小时，光照强度为 20～30 勒克斯；8～35 日龄每天光照 18～23 小时，具体时间根据所饲养的品种和日龄确定光照时间。育肥期光照强度 5～10 勒克斯，强度太大容易导致啄癖，强度太小又起不到刺激采食的目的。

（五）日常管理

1. 饮水器的检查与清理

每天不定时地检查饮水器是否有缺水和漏水的现象、水线的高低、水位是否符合要求，在炎热的夏季尤其重要，这是因为夏季气温较高，鸡只需要饮大量的水进行降温，如果一段时间内不能充足饮水，严重时会导致鸡只死亡，所以缺水带来的危害远比其他要高得多。另外，饮水器应每天早晚各清洗一遍，在不免疫的情况下，使用消毒水清洗。复季气温较高时，可在饮水中添加维生素 C（每千克水中添加 100 毫克）和 0.3% 碳酸氢钠，以减轻鸡只的热应激。

2. 检查鸡舍

每小时检查一遍鸡舍，重点是观察鸡群状况，如舍内温度、饮水、通风、饲料等。在鸡舍内走动时，动作一定要轻，鸡舍的前、中、后都要走到。

3. 称鸡

称鸡的目的是了解鸡群的生长是否良好，体重是否达标。称鸡要固定时间，一般进鸡的第 1 天和每周日的上午，可避免因时间的差异而造成较大偏差，对于称重的数量也有一定的要求（表5－5）。

表5－5　各日龄鸡的体重

项目	日龄							
	1	7	14	21	28	35	42	49
称鸡数量	10箱	200只	100只	60只	40只	30只	30只	30只
标准体重（克）	42	167	430	820	1 316	1 882	2 474	3 052

在鸡舍的前、中、后各围一次鸡，把每次所围的鸡全部称完后，计算出平均体重，与表5－5中（表中的标准体重是罗斯308品种数据）的标准比较，如果出现偏差要分析原因。

4．分群

随着鸡只日龄的增长，密度越来越大，要及时根据天气情况和舍内密度分群。分群时，首先把要使用的区域准备好，包括饮水器、饲料等，地面平养的还要把垫料铺平，冬季提前预温，准备好后，把鸡只放过来，如果温度比较低，不利于保温，也可采取白天温度高时把鸡放出，晚上再把鸡赶回去的办法。

5．垫料的管理

垫料要求干燥松软，吸水性强，不霉坏不污染，厚度以10厘米为好。厚垫料饲养肉仔鸡要获得成功，其中一个重要关键就是要保证垫料的质量和加强垫料的管理。垫料管理首先要求垫平，厚度基本一致，防止露出地面，在饲养过程中要经常抖动垫料，防止鸡粪在垫料表面结块。水槽及料桶周围的湿垫料应经常取出，换上新鲜干燥的垫料。饲养后期必要时应往上面加一层垫料。只有保持垫料的干燥并在饲料中添加适当的药物，才能有效地防止球虫病。

6. 断喙

(1) 断喙的目的　鸡有雏啄的习性，特别是饲养在开放式鸡舍的鸡更为严重。雏啄包括啄羽、啄肛、啄翅、啄趾等，轻者至伤残，重者可造成死亡，因此，一般饲养在开放式鸡舍的雏鸡都要断喙。断喙还有节省饲料的效果，降低不必要的死亡。

(2) 雏啄的原因　原因较多而复杂，如日粮不平衡，密度大，通风不良，温度高，断水，光线强等，要找出准确的原因比较困难，因此，防止雏啄的主要措施是断喙。

(3) 断喙的时间　肉仔鸡的断喙时间一般是在 7 日龄之前进行。

(4) 断喙的方法　断喙是借助于灼热的刀片，切除鸡上下喙的一部分，烧灼组织，防止流血。一般有专门断喙器，雏鸡断喙器的孔径 7～10 日龄为 4.4 毫米，7～10 日龄为 4.8 毫米。断喙的方法是左手抓鸡腿部，右手拿鸡，将右手拇指放在鸡头顶上，食指放在咽下，稍施压，使鸡缩舌，选择适当的孔径，在离鼻孔 2 厘米处断切。烧灼时切刀在喙切面四周滚动以压平嘴角，这样可以阻止喙外缘重新生长，如不将喙周围压平，将有 5%～10% 的成鸡会重新长出喙。

7. 严格消毒和疫病综合防控

(1) 消毒　鸡舍门前要设置消毒池，经常更换消毒药水。喂鸡前要更换工作服，并注意手和鞋的消毒，平时要坚持对鸡舍内外定期消毒。特别是带鸡消毒每天 1 次。

(2) 制订科学的免疫程序　正确的防疫工作能减少或防止疫病的发生，科学的免疫能有效地增强机体的抗体水平，保护鸡群健康。参考免疫程序及操作见附录，同时要适时合理用药，控制鸡白痢、球虫病和慢性呼吸道疾病的暴发。

8. 观察鸡群

每天进入鸡舍要仔细观察鸡只的精神状态，健康的鸡体羽毛光滑整齐、活泼好动、反应敏感、两眼有神、采食正常；发生疾病会精神萎靡、缩头闭目、羽毛松乱、两翅下垂、卧地不动、站立发呆、采食量下降。观察采食饮水情况，采食量减少、饮水量剧增可能是热性病、球虫病的早期以及温度过高、长时间供水不足或饲料中食盐含量过高；采食量、饮水量减少可能是舍内温度太低或鸡群处于濒死期。查看粪便情况，粪便不成形、水样或发绿预示有肠道疾病。观察是否有张嘴、甩鼻、呼噜等呼吸道症状。观察鸡只的体位、鸡冠和肉髯颜色、眼睛、皮肤等部位，要早发现、早预防、早用药、早治疗，发现不正常的鸡只及时挑出单独饲喂，精心护理，减少疾病的蔓延或扩散。

9. 做好记录

建立生产记录，包括进雏日期，进雏数量、雏鸡来源，饲养员姓名；每日的生产记录包括日期、肉鸡日龄、死淘数、死亡原因、存栏数、温度、湿度、免疫记录、消毒记录、用药记录、喂料量。

（六）夏冬季肉鸡饲养管理要点

1. 夏季肉鸡饲养管理要点

高温天气对于肉鸡的饲养十分不利。肉鸡生长的适宜温度一般为18～21℃。气温超过25℃时，食欲即开始下降；气温升至32℃时，肉鸡有发生中暑和死亡的危险。因此，在夏季必须有计划地采取以防暑降温、提高采食量为主的综合措施，以达到使肉鸡快速增重的目的。

（1）改善鸡舍环境，营造小气候

①改变环境温度。在鸡舍周围种植树木及藤蔓之类的植物，清除鸡舍周围的杂草；夏季来临之前，在鸡舍的向阳面搭建凉棚遮阳；将鸡舍屋顶、外墙涂白，以减少热量吸收。在鸡舍屋顶安装喷水装置，温度高的时候打开喷水，舍内温度可降低 2～3℃。加强鸡舍的通风换气，对流散热，有条件的可安装湿帘，采取纵向通风法降温。

②舍内喷雾。在我国中部和南部地区，高温天气持续时间比较长，最好在鸡禽内安装喷雾设备。一般 2 条水管相距 6 米，水管上每隔 1.5 米安装个喷嘴，中午天气炎热时喷雾数次，可降低舍温 3～5℃。此时也可以选择使用高效、无刺激、气味小的消毒剂进行带鸡消毒。

③降低饲养密度。夏季养鸡在保温的前提下，应加快分群的速度，饲养后期如果密度过大，应该及时减掉部分鸡以降低饲养密度。及时清理鸡群，淘汰病、残、弱鸡，以降低饲养密度和饲养成本。

（2）加强饲养管理，严格卫生消毒措施

①供足清凉的饮水。天气炎热时，肉鸡要不断地张口喘气，以蒸发体内的水分从而达到散热的目的，因而夏季时饮水的需要量增加。所以夏季饲养肉鸡必须经常检查供水系统，以保证供给充足的饮水，如果短时间缺水易影响肉鸡生长，长时间缺水则易引起肉鸡中暑死亡。另外在饮水中添加 0.1% 维生素 C 和 0.3% 的小苏打可以缓解热应激，还可以增强鸡体对细菌和病毒性疾病的抵抗力。

②改变饲喂方式，调整日粮配方。第一，采用“两头”饲喂法。早晨应提早饲喂，晚上延长饲喂时间，30 日龄后如果气温达到了 33℃，白天就要考虑停料，以减少热应激带来的不良影响。

第二，适当提高饲料营养水平。当环境温度超过25℃时，鸡就会通过降低饲料的采食以减少自身的产热量，致使营养摄入不足，影响生长。有效方法是用动物脂肪代替碳水化合物，可在日粮中添加1%~2%的油脂作为能量补充。同时将日粮中蛋白质水平相应提高1%~2%，并注意保持氨基酸的平衡。第三，增加维生素供给。天气炎热时，在饮水中添加复合维生素可有效缓解热应激，降低死亡率，提高生产水平。

2. 冬季肉鸡饲养管理要点

冬季气候寒冷，舍内需要的温度与外界气温相差较大，为了保持舍内温度，分群的速度应放慢，所以冬季肉鸡的饲养密度通常比夏季大，并且通风量也比较小，导致肉鸡体质下降，生长速度受限并可能暴发疾病。因此，在冬季养好肉鸡，掌握以下饲养环节非常重要。

(1) 鸡舍建筑保温性能要好　冬季气候寒冷，舍内与舍外的温差比较大，鸡舍如果保温性不好，达不到需要的温度，仔鸡就会造成扎堆挤压而致死。因此，在冬季来到之前，应对鸡舍进行彻底维修，必要时要增加保温层以加强保温性能，并防止贼风、穿堂风侵袭鸡群。

(2) 保温、通风相结合　因保温需要，肉鸡育雏室往往比较密闭，空气较污浊，影响肉鸡的健康和生长。若在肉鸡育雏舍内烧煤供暖，会产生二氧化碳、一氧化碳，易引起中毒等现象。做好通风换气是减少有害气体的有效方法。在通风换气的同时，注意保持舍内温度平稳，不要忽高忽低。通风口最好开在鸡舍上部，并增加缓冲层，使外界冷空气流进室内时逐渐变暖和，并防止冷空气在室内流通过快。

(3) 加强垫料管理　对于地面平养的鸡舍，常因鸡群排泄的粪便和潮湿的垫料未及时清除，致使鸡舍内氨气蓄积，浓度增大，导致肉鸡氨气中毒或引发其他疾病。因此，在冬季对垫料的管理非常重要。首先要选择松软、新鲜、干燥、柔软、无霉变、吸水性好的垫料，最好为刨花，一次性铺好，厚度要在5厘米以上。在操作时尽量减少洒水，防止饮水器漏水弄湿垫料。如果鸡舍内湿度过大，则应及时清除舍内潮湿的垫料，但是垫料也不宜过干，否则灰尘大，易引起呼吸道疾病。

（4）调整免疫程序　冬季是肉鸡病毒病的高发期，尤其是新城疫、传染性支气管炎等，所以在寒冷季节要及时调整鸡群的免疫程序，从根本上减少鸡群的发病率。例如，在首免时可采取新城疫活苗与油苗同时免疫的方法，这样会大大减少后期新城疫的发病率。

（5）加强呼吸道疾病的防治　禽类所特有的气囊结构，使其极易发生呼吸道感染，并且呼吸系统的感染很容易扩散至鸡腹腔脏器甚至全身。冬季通风量小，氨气等有害气体始终在空气中循环，造成鸡流泪、甩鼻、咳嗽、眼结膜发红等呼吸道症状。为了有效预防呼吸道疾病，首先，必须加强饲养管理，给鸡群供给足够的营养物质，做好日常的消毒卫生工作，保持鸡场、鸡舍的环境卫生。对于病死鸡只要深埋或彻底销毁，杜绝传染源。其次，要加强通风，冬季可以在中午温度高的时候加大通风量，以保证舍内空气的新鲜。再次，定期在饮水中添加预防呼吸道疾病的药物。

六、出栏和运输

（一）出栏

1. 最佳出栏时间的确定

适时出栏关系肉仔鸡养殖经济效益。确定肉仔鸡出栏上市时间的主要依据是市场需求、增重速度、饲料转化率。当市场对整鸡的需求量大时，肉仔鸡可在2千克以下出场屠宰；当对分割鸡需求量大时，应以生产2.5千克左右的大体重鸡为主。肉仔鸡在7周龄时每天的绝对增重量最多，以后随日龄的增加，增重速度减慢；按饲料转化率计算，随着日龄的增加，饲料转化率逐渐降低，8周龄以后饲料转化率明显降低。综合考虑体重、增重速度和饲料转化率等因素，建议肉仔鸡饲养到7周龄左右出栏上市为适。如果饲养时间过长，一方面使增重速度减慢，耗料增加；另一方面残次品比例加大。

2. 出栏前的管理

商品肉鸡出栏时要按照肉禽加工厂的要求控水控料，抓鸡时要正确操作，抓鸡、入笼、搬运、装卸中动作要轻，途中运输要平稳，以防挤压和碰伤而增加残次率。将肉鸡以最佳状态运抵屠宰加工厂，确保肉鸡达到屠宰加工厂的各项要求，同时保持肉鸡高标准的福利。在抓鸡前按规定使用无药物饲料，避免肌肉中药物残留。屠宰前2天停止使用小麦日粮。抓鸡前将光照调暗，使肉鸡保持安静，合理使用抓鸡设备。

（1）宰前停水与停料　抓鸡及装运在抓鸡、装笼前6～8小时停喂饲料，或在屠宰前8～12小时停喂饲料，但应保证水的正常供应，以减少屠宰时出现的污染问题。捉鸡人员到场后即可停水，死鸡应于人工捕捉鸡前移出鸡舍。

（2）捉鸡方法　抓鸡前将舍内所有设备升高或移走，防止捕捉过程中损伤鸡体，地面平养的要清除鸡舍内有碍捕捉工作的潮湿垫料，并换上干燥的垫料。抓鸡时尽量保持安静，避免鸡群挤压，抓鸡、运鸡最好在晚上进行，用弱光照射，白天捕捉鸡只时，要用围网或便携的捕鸡栏将鸡只分隔成若干区域，捉鸡人员应经培训，避免鸡只擦伤、淤血或死亡；每只手每次捉拿的鸡只不可超过4只；不应用脚轰赶，不可将鸡赶到角落里再捕捉。为防止鸡只在墙角或鸡舍末端扎堆，通常安排一人巡视。每次抓的鸡数不能太多，抓小腿以下部位。往笼内装鸡时应轻放，体重较大的应用手握住鸡的胸部往里放，绝不能往笼内扔鸡，以免碰撞擦伤。鸡笼中装鸡的数量要适中，以免造成额外损失。

（二）运输

抓鸡、装笼、搬运、装卸过程动作要轻，以防挤压和碰伤肉鸡。装车时各笼间有一定空隙，运输途中要平稳，注意通风，运输设备应清洁。途中尽量不停留或少停留，到场后停在具有通风设备的大棚下，不暴露在阳光下，要及时卸车，防止日晒雨淋，以减少死亡。

七、优质肉鸡的饲养管理

近年来，随着经济发展和人民生活水平的提高，消费者的营养意识和质量安全意识不断加强，优质肉鸡的需求量越来越大，显示出广阔的市场前景和诱人的经济效益。在市场需求的拉动下，我国优质肉鸡业发展很快，尤其在南方和经济发达地区优质肉鸡的比重逐年上升，优质肉鸡生产正朝着规模化、集约化、产业化方向发展。

（一）优质鸡的生长发育特点及饲养阶段的划分

1．优质鸡的生长发育特点

优质鸡鸡种一般是用快大型肉鸡品系与地方良种鸡杂交配套而成，其生长发育特点介于其两亲本之间。与快大型肉鸡相比，优质肉鸡生长发育有以下几个特点：a. 生长发育较为缓慢，生长周期长，体重较小，90～120天出栏，出栏体重1.5千克左右。

b. 公母鸡生长发育差异较大。公鸡的成熟体重、生长高峰时的体重均大于母鸡，但平均生长速度比母鸡低、达到生长高峰的日龄较母鸡晚，说明公鸡的成熟比母鸡晚。c. 性情活泼，追啄性、好斗性强，易发生啄癖症。d. 耐粗、适应性和抗病力都较强。

典型的优质鸡鸡种饲养到10周龄，公、母鸡的体重生长情况详见表5－6。公鸡的成熟体重、生长高峰时的体重均大于母鸡，而平均生长速率小于母鸡，到达生长高峰的时间比母鸡迟，说明公鸡的成熟比母鸡晚，这为公母鸡在不同时间出售提供了理论依据。

表5－6　优质公、母鸡0～10周龄体重　　（克）

性别	周龄										
	0	1	2	3	4	5	6	7	8	9	10
♂	35.7	74	164.3	267	436	543	781.1	1 065	1 231.7	1 393.8	1 619
♀	33.8	68	152.1	286.3	434	577	730	958.6	1 024.5	1 225.7	1 386.3
平均	34.7	71	158.3	278.9	435	560	755.6	1 002.9	1 142.6	1 309.8	1 517.2

2. 饲养阶段的划分

根据大多数优质鸡的体重生长曲线，体成分变化规律及饲养管理特点，将优质鸡的饲养期大致分为3个阶段，即育雏期（0～6周龄），生长期（7～10周龄）、育肥期（11～14周龄）。当然，饲养期的划分在不同的鸡种、不同的饲养管理条件下，必然不同。如果鸡种生长速度快，气候适宜，则育雏期可提早到4周龄结束；如鸡种性成熟早，4～5周龄即能基本分出公、母，则可提早分群。划分饲养期的目的是为了根据不同阶段、不同性别的生长特点进行科学的饲养管理，在生产上应根据实际情况灵活掌握，才能取得较好的经济效益。

（二）优质鸡的饲料营养

优质鸡的营养尚没有可供参考的国家标准，多数饲养场采用育种单位并未经过认真研究的鸡种推荐标准，有些饲养户甚至使用快大肉鸡的营养标准，这些营养标准绝大多数高于优质鸡的生长需求，因而影响其饲料报酬。优质鸡不同鸡种的差异较大，标准难以统一；满足优质鸡的营养需要是既充分发挥鸡种生长潜力，又提高饲料经济报酬的首要条件。实际生产中应以鸡种推荐的营养需要标准为基础，以提高饲料经济报酬为目标，适当降低营养标准。此外，还要注意饲料的多样化，改善鸡肉品质。

（三）饲养方式

1．多采用笼养方式

饲养优质肉鸡生长速度缓慢，体重小，胸囊肿现象基本不发生。因此，优质肉鸡可以采取笼养，以提高单位面积的饲养量，降低能耗，尤其是育肥阶段，笼养还可降低鸡的活动量，提高育肥效果。

2．公、母必须分群饲养，分别适时上市

由于公、母鸡的生长速度不同，公鸡生长快，母鸡生长慢，6 周龄公鸡体重比母鸡重 20%；脂肪沉积能力不同，母鸡脂肪沉积的能力比公鸡强得多；性成熟时间不相同，公鸡性成熟晚，母鸡性成熟早；公、母鸡消化功能也不同。因此，公、母鸡必须分群饲养，提供不同的环境、不同的饲料，采取不同的管理措施，且各自在最佳上市日龄上市，对于在出雏时未做雌雄鉴别的，至 50～60 日龄时应根据外观及时分群。

3．适宜环境条件

与快大型肉鸡相比，优质肉鸡育雏前期温度略高 1～2℃；由于优质肉鸡体重较小，饲养密度可相对稍大一些。优质肉鸡对光照、湿度和通风的要求与快大型肉鸡没有区别。

（四）日常管理

1．注意防止啄癖

与快大型肉鸡相比，优质肉鸡性情活泼，追啄性、好斗，对环境应激表现更明显，如饲养密度过大、光照太强、饲料中某些氨基酸缺乏或比例失调及某些微量元素缺乏等都会造成啄羽、啄肛，尤其是在中鸡阶段容易发生啄癖。生产者应严加预防，在雏鸡 10 日龄左右断喙。

2．加强疫病预防

优质肉鸡饲养周期长，与快大型肉仔鸡相比，应增加一些免疫内容。如马立克病通常多发于 2 ~ 4 月龄，这时快大型肉鸡已出栏上市，而优质肉鸡正处于生长旺盛期，必须在出壳后及时接种马立克疫苗；优质肉鸡还应刺种鸡痘疫苗，尤其是在春夏蚊虫滋生季节。其他免疫项目可以根据鸡龄和当地发病特点，确定免疫内容。

第六章

肉鸡常见疾病防治基础知识

第一节　肉鸡常见疾病流行现状

当前我国肉鸡疾病流行特点主要表现为：免疫抑制性病危害增多；病原体变异较多；临床症状非典型化程度明显；细菌耐药性问题越来越严重；亚临床免疫抑制性疾病越来越多，感染区域普遍，区域性流行比较明显；由于饲料、管理等方面因素所造成的非传染性疾病也时有发生等。

一、混合感染病例增多

近年来，混合感染日渐增多，其发生率超过单一病。书本上阐述的鸡病临床特征和病理特点，现在实际生产中很难见到典型病例，而是多种疾病混合感染或继发感染，病情错综复杂，也给治疗带来了一定的困难。混合感染包括病毒病混合感染，如传染性法氏囊病和新城疫、流行性感冒和传染性支气管炎等；病毒病和细菌病混合感染，如传染性法氏囊病和大肠杆菌病、传染性喉气管炎和支原体病等；病毒病和原虫病混合感染，如新城疫和球虫病等。

二、免疫抑制性疾病危害不断加大

机体免疫抑制在目前的生产中普遍存在。造成机体免疫抑制的原因很多，主要包括：营养缺乏、日粮中有毒（害）物质含量高、应激、环境不良、免疫抑制性疾病发生等。一些传染性疾病，如传染性法氏囊病、马立克氏病、新城疫、传染性喉气管炎、鸡传染性贫血、网状内皮组织增殖病、鸡病毒性关节炎和传染性腺胃炎等，可由于发病而造成直接经济损失，并可引起机体免疫抑制，使机体对其他病原易感性增加、对多种疫苗应答能力下降，甚至导致免疫失败，间接损失不可估量。而且，免疫抑制性病毒间多重感染现象十分普遍，多重感染时病毒种类非常多，危害相当严重。

三、禽流感仍将是威胁鸡群健康的重要疾病

据调查，我国商品肉鸡群中 H_9 亚型禽流感病毒隐性感染率平均为 1% ~2%，发病死亡鸡群中 H_9N_2 感染率达 72% ~85%。临床上发现 H_9 禽流感发病后多并发有其他病毒、细菌病等；相且部分会同时感染 2 种以上病毒。H_9 病毒破坏家禽免疫系统、呼吸道、泌尿生殖道屏障，引起严重的免疫抑制，所以易继发支原体感染、传染性气管炎、新城疫等，造成患群发病率高、死亡率高。目前，我国肉鸡养殖中普遍存在 H_9N_2 亚型禽流感病毒感染。此外，有研究表明，我国 H_9N_2 病毒存在不同程度的重组病毒，这为该病的防治增加了难度。

四、非典型新城疫在一些鸡场呈散发流行

分子流行病学研究表明，我国目前新城疫病毒（NDV）流行

株的优势基因型与广泛应用的疫苗株 LaSota 明显不同。新城疫疫苗株与当前流行株之间的基因型和抗原性差异是引起免疫鸡群中感染强毒的主要原因。在商品代肉鸡群，当免疫程序实施不当时，也可能发生典型的新城疫，表现为高的发病率和死亡率。但多数肉鸡群主要表现为呼吸道症状及不断发生零星死亡，只有部分死亡鸡可能表现典型新城疫的出血性病变。典型新城疫临床上少见，非典型的较多，在流行病学上，新城疫病毒没有什么变化，新城疫完全可以通过有效的疫苗、合理的免疫途径、严格的消毒和良好的环境来避免或减少，发生新城疫的鸡场多数环境差，免疫程序存在缺陷。

五、肉鸡气管栓塞与气囊炎将继续流行

气管栓塞、气囊炎不是一种独立的疾病，往往由禽流感、传染性支气管炎、支原体、沙门氏菌、大肠杆菌等多种病原引起。发生气管栓塞、气囊炎鸡群，基本上都和环境差或管理不科学有关系，如通风换气、温度、湿度不合理等。

氨气对气管栓塞与气囊炎影响极大，鸡舍中的氨气多数由粪便、垫草、饲料等含氮有机物分解而来。氨气能刺激气管、支气管黏膜充血、炎症，严重者引起肺出血、水肿。鸡舍中氨气的安全浓度是小于 15 毫升/米^3，达到 20 毫升/米^3 时，鸡气管中支原体的含量是正常的 10 倍。因此平时必须注意做好氨气清除及防止氨气产生。

其次是鸡舍湿度，当鸡舍湿度小于或等于 50% 时，鸡舍干燥，灰尘飞扬，鸡鼻腔黏膜、气管黏膜干燥缺水会加重病情或影响此类疫病康复。

冬春季节加强通风，加强保温、保湿、供暖是预防气管栓塞

与气囊炎的关键。

六、肉鸡肌胃腺胃炎很难防治

白羽肉鸡、肉杂鸡发病日龄为1~40日龄。鸡只消瘦、不生长、采食量不增或低于正常指标、饲养周期长。病变主要体现在肌胃溃疡或溃烂、腺胃肿大或弛张、肠炎。此外，胸腺、法氏囊萎缩，出现严重免疫抑制，体液免疫、细胞免疫功能丧失或明显减弱，导致疫苗接种失败、接种疫苗诱发疾病、抗体持续时间短。病原容易从受损的鼻黏膜、气管黏膜上皮、肠道黏膜侵入体液造成感染或发病，导致经济效益降低。肌胃腺胃炎防控方法主要有：加强环境条件的改善及管理；保温的同时也要注意通风，注意早期湿度不要太大；料盘、水盘定期清理、消毒．防止霉菌产生及防止被小鸡采食；不使用霉变饲料；在发生肌胃炎、腺胃炎时，除了吸附霉菌毒素、杀灭霉菌（真菌）外，同时要修复胃肠道，恢复消化道机能，保证良好的消化吸收。

七、肉鸡传染性法氏囊病仍然频发

近20年来，虽然鸡传染性法氏囊病病毒没有出现大的变异，然而分子流行病学分析发现，目前流行株进一步复杂化，这些流行毒株大多具有超强毒株特征，流行毒株的基因型众多，大部分分离株的抗原性与常用疫苗株的抗原性存在差异。此外，有研究表明，国内存在一定程度的变异毒株感染。

传染性法氏囊病病毒属于RNA病毒，变异较大。因此没有适合全国使用的毒株。同时，由于传染性法氏囊病病毒没有囊膜，所以抵抗力特别强。环境一旦被污染后很难消除。法氏囊病病源有6个血清型，全部做成疫苗，给鸡免疫，再攻毒，都有可能发病，即疫苗不可能保证鸡群不发病，养殖户不要对此疫苗抱有侥幸心理。但是传染性法氏囊病的流行又有一定的季节性和地域性，一些地区已经找到了适合本地病情的疫苗，只要能够对大部分鸡群提供保护就是好疫苗。但是如果保护率越来越差，就要考虑寻找新的疫苗了，关键问题是找出本地传染性法氏囊病病原的血清型分布，寻找对应的疫苗。

八、部分传染病发病日龄范围扩大

如传染性法氏囊炎早的在 10 日龄甚至 3～4 日龄发生，晚的在 110 日龄左右发生，给治疗带来不便。又如鸡痘，发病月份范围明显扩大，由原来的 8～10 月扩大至现在的 7～11 月，一般接种首免日龄为 30 或 60 日龄，但雏鸡 7 日龄就可能发病，而且病程延长，需要更长的时间才能逐渐恢复健康，死亡率有增高的趋势，特别是感染眼型、白喉型鸡痘后，病鸡采食减少，甚至废绝，死亡率常在 20% 以上。分析其原因，在鸡群高密度饲养条件下，拥挤、通风不良、阴暗、闷热潮湿、体表寄生虫、维生素缺乏和饲养管理粗放，导致鸡痘暴发流行，如伴随有葡萄球菌、传染性鼻炎、支原体感染，可造成大批鸡死亡，养殖场一定要在专业兽医的指导下分清主要疾病，并合理治疗，避免顾此失彼耽误病情。

九、肉鸡大肠杆菌病等细菌病增多

大肠杆菌、沙门氏菌、禽巴氏杆菌、副鸡嗜血杆菌、支原体、空肠弯曲杆菌等病原菌血清型众多，致病性菌株分布广泛，潜伏于鸡群的整个饲养周期，常造成鸡群急性死亡或隐性感染，带来经济损失。临床上这些细菌病与新城疫、禽流感、白血病等病毒性疫病的混合感染、继发感染，危害加剧。由于大量抗生素的使用，大肠杆菌、沙门氏菌、禽巴氏杆菌等耐药性不断增强，使肉鸡的发病率和死亡率呈上升趋势。研究表明：对于临床上常用的22种抗生素，20株致病性大肠杆菌分离株仅对丁胺卡那霉素、头孢呋肟等少部分较为敏感，对青霉素类、磺胺类、四环素类、林可胺类药物耐药率为100%，多肽类及喹诺酮类药物耐药率在80%以上。

总而言之，疫情与养殖量呈正相关，短期内很难解决。为了将疫病带来的损失降至最低，加强环境控制是根本，增加机体的综合免疫力是基础，增加机体的特异性免疫力是关键，只有筑起机体的免疫长城，才能使养殖防线固若金汤，防患于未然。

第二节 肉鸡场的生物安全措施

生物安全是一个综合性控制疾病发生的体系，即将可传播的传染性疾病、寄生虫和害虫排除在外的所有有效安全措施的总称。有效的生物安全体系和措施将使疫病远离鸡场，保证养鸡生产获得好的生产成绩和经济效益，肉鸡产品具有良好的食品安全性、市场竞争力和社会认知度。

一、鸡场建设防疫措施

适度规模肉鸡养殖应按鸡场代次和生产分工做好隔离区划。尽量压缩饲养场的数量，扩大单个饲养场的规模。

1. 鸡场周围建立围墙或防疫沟、防疫隔离带

鸡场主要分场前区、生产区及隔离区等。场地规划时，主要

考虑人、鸡卫生防疫和工作方便，根据场地地势和当地全年主风向，合理安排各区。对鸡场进行总平面布置时，主要考虑卫生防疫和工艺流程两大因素。场前区中的职工生活区应设在全场的上风向和地势较高地段。生产区设在这些区的下风和较低处，但应高于隔离区，并在其上风向，要求无杂草、垃圾。鸡场各区之间要有适当的间距，场内禁止种植各种高大树木。

2. 各种功能区设计标准化，鸡舍布局要合理

场内应分设净道和污道。净道专门用于运输饲料、产品；污道则专门运送鸡粪、病鸡、淘汰鸡及其他污物。鸡舍间距符合卫生防疫要求。鸡舍间距不小于鸡舍高度的 3 ~5 倍时，可以基本满足日照、通风、卫生防疫、防火等要求。一般密闭式鸡舍间距为 10 ~15 米；开放式鸡舍间距约为鸡舍高度的 5 倍。鸡舍建筑结构力求合理，以利于鸡舍小环境控制，减少应激。地面、天棚、墙壁要耐冲刷消毒，设备器具便于安装拆卸、清洗消毒。墙体、屋面做好保温处理，取暖设施最好选择暖风炉加机械通风。冬天采用横向机械通风，夏季采取纵向通风，有条件的安装水帘降温或喷雾降温设施，确保鸡舍内小气候环境适宜。

3. 鸡场生产区和生活区严格分开，场区门口有消毒池和专用消毒通道以及配套的消毒设施

场内道路应不透水，材料可视具体条件选择柏油、混凝土、砖、石或焦渣等，路面断面的坡度为 1% ~3%。道路宽度根据用途和车宽决定，通行载重汽车并与场外相连的道路需 3.5 ~7 米，通行小型车、手推车等场内用车辆 1.5 ~5 米，只考虑单向行驶时可取其较小值，但需考虑回车道、回车半径及转弯半径。场外的道路不能与生产区的道路直接相通。场前区与隔离区应分别设与场外相通的道路。鸡场要有配套的粪便、污水、废弃物处理设

施（如渗水井和鸡粪发酵池、焚尸坑或焚尸炉）和运送专用通道（污道），并保证与人员进出、运送雏鸡、饲料的通道（净道）严格分开。设立的病死鸡尸坑、鸡粪发酵池应远离鸡舍 500 米以上。

4. 完整的排水设施排出场区雨、雪水，保持场地干燥、卫生

鸡场道路要硬化，两旁有排水沟；沟底硬化，不积水，排水方向从清洁区流向污染区。一般可在道路一侧或两侧设明沟，沟壁、沟底可砌砖、石，也可将土夯实做成梯形或三角形断面，再结合绿化护坡，以防塌陷。如果鸡场场地本身坡度较大，也可以采取地面自由排水，但不宜与舍内排水系统的管沟通用。隔离区要有单独的下水道将污水排至场外的污水处理设施。

二、人员控制

1. 饲养管理人员要求

场内工作人员应定期体检，取得健康证后方可上岗。鸡场内部人员包括管理者和饲养员，必须定期进行生物安全知识培训，严格实行饲养期内封闭式管理。在鸡场工作的各类人员都不得在家中饲养畜禽和鸟类，也不得从事与畜禽有关的商业活动和技术服务工作。外出进场后需执行严格的洗澡、消毒制度。外出人员不得接触禽类及食用禽类相关产品，以确保回场后的生物安全。饲养员应经常洗澡，换洗衣服、鞋袜、工作服，鞋、帽要经常消毒。每次进舍前需换工作服、鞋，并用紫外线照射消毒，手接触饲料和饮水前需用新洁尔灭或次氯酸钠等消毒。饲养员应固定岗位，不得串岗。发生疫病鸡舍的饲养员必须严格隔离。在鸡场工作的各类人员，进入生产区必须换鞋、更衣、洗澡，至少也应当

换鞋和更换外套衣服。进鸡舍时要二次换鞋更衣。

2. 勤杂人员与来宾要求

场内的勤杂人员包括维修工、电工、司机、炊事员、清粪工，对他们严格管理也是鸡场防疫的需要。鸡场应当拒绝一切无关人员的参观访问。此外，领导视察、检查，行业专家、学者来场指导，要进入生产区，也要和其他人员一样进行严格的更衣和消毒。生产区的入口处消毒室应当预备多余的消毒鞋靴、工作服，供外来人员使用。严禁各种卖药、收买病死鸡、鸡粪人员接近场区。

三、车辆、用具控制

鸡场中可移动的物件很多，如运料车、运蛋车、粪车等，用具包括饮水器、喂料器、笤帚、铁锹等，这些车辆、用具除要作定期消毒外，在管理上还应注意：生产区内部的大型机动车不能挂牌照，不能开出生产区，仅供生产区内部使用。外来车辆一律在场区大门外停放。鸡舍门口设有车辆消毒池，进出场区的车辆及物品必须经严格的消毒后方可出入。

鸡舍内的小型用具，每栋舍内都要有完整的一套，不准互相借用、挪用。生产周转用具不得在畜禽饲养场间串用，生产区内或畜禽舍内的生产周转用具不得带出生产区或畜禽舍，一旦带出，经严格消毒后才能重新进入生产区或畜禽舍。不宜借用其他养殖场的车辆和用具，借用前后则应严格消毒。

一切物品在进入鸡舍前必须经过严格的消毒后，根据不同物品选择不同的消毒方式。对耐腐蚀性物品能经消毒药浸泡消毒或喷雾消毒的采用浸泡或喷雾消毒；不耐浸泡的采用熏蒸消毒或紫外线照射消毒。为确保生物安全，各舍使用的饲养工具必须经严格的消毒，非生产性用品严禁带入生产区内。

四、鸡群控制

1. 苗鸡质量控制

为控制和减少鸡群进入鸡舍前的病原携带入舍，必须从防疫严格的正规鸡场引种。雏鸡应来自有种鸡生产许可证，而且无鸡白痢、新城疫、禽流感、支原体、禽结核、白血病的种鸡场，或由该类种鸡场提供的种蛋所生产的经过产地检疫的健康雏鸡。一栋鸡舍或全场的所有鸡只应来源于同一种鸡场。定期（每月1次）抽检鸡群的垂直传染性疾病（慢性呼吸道病、沙门氏菌病、大肠杆菌病等）、种蛋或胚胎沾污性疾病（大肠杆菌病），定期检测主要传染病（新城疫、流感、法氏囊病等）的母源抗体水平。苗鸡质量必须外观健康活泼，大小均匀，严格淘汰病弱残苗鸡。

2. 饲养管理控制

饲养肉鸡必须尽可能减少日常饲养管理中的应激反应，防止生产操作中的污染和感染。加强饲养管理，增强鸡体体质，提高鸡群抗病力，避免特异性和非特异性免疫抑制现象的发生。鸡群断喙、转群、免疫或气候骤变时，应及时补喂多维素，避免应激的叠加反应。各生长阶段之间在转换饲料时，应逐渐过渡，使鸡群有3~6天的适应期。为提倡动物福利，对大棚肉鸡可实施严格的光照控制技术和及时补充适量的微量元素，以防止各种应激反应。

五、饲料和饮水控制

污染饲料和饮水是引发多种疫病的重要原因。因此，一定要重视饲料和饮水卫生，杜绝病原传入。

1. 饲料卫生管理

要严把饲料原料关，禁止使用霉败变质、污染的饲料，谨慎使用动物源性饲料，禁止在饲料中添加抗生素、激素类添加剂及其他人工合成色素、化学合成的非营养性添加剂及化学药物。提倡使用安全绿色的饲料添加剂，如中草药添加剂等。饲料的包装必须严密，产品在运输过程中要防止包装袋破损和日晒雨淋；放置饲料的仓库应通风、阴凉、干燥、地势高，相对湿度不超过70%；防止蚊蝇、蟑螂等害虫和鼠、犬、猫、鸟类等动物的侵入；使用时，不宜在鸡舍内堆放过多饲料。从饲料原料的生产、储运和饲料加工、运输、储藏及饲喂动物各个环节，采取相应的措施防止饲料污染沙门氏菌。提倡使用中草药制剂或采用生物防治法防治疾病，谨慎使用抗生素，减少对抗生素使用的依赖性和随意性，有计划地在饲料中添加中草药添加剂和微生物添加剂，改善饲养管理、改善卫生状况以提高鸡体抗病力，减少疾病传播。

2. 饮水管理

饮用水应清洁无污染。鸡场的饮用水以自来水为好，同时要自备水源。水源要远离污染源。水源周围50米内不得设置储粪场、渗漏厕所。水井设在地势高燥处，防止雨水、污水倒流引起污染。定期进行水质检测和微生物及寄生虫学检查，发现问题及时处理。在实际工作中，通常以检验水中的细菌总数和大肠杆菌总数来间接判断水质受到人畜粪便等的污染程度，再结合水质理化分析结果，综合分析，才能正确而客观地判断水质。水的净化处理方法有沉淀（自然沉淀及混凝沉淀）、过滤、消毒和其他特殊的净化处理措施。

六、肉鸡场防疫体系建设

1．坚持全进全出饲养方式

实行全进全出的饲养制度，不仅有利于提高肉鸡群体生产性能，而且有利于采取各种有效措施防治肉鸡疫病。如果鸡场中经常有鸡，则很难做到彻底消毒，也就很难彻底清除病原，因此常有“老场不如新场”的说法。为便于落实“全进全出”的养殖制度，实施时可将其分为 3 个层次：一是在一栋鸡舍内“全进全出”；二是在一个养殖场的一个区域范围内“全进全出”；三是整个养鸡场实行“全进全出”。一栋鸡舍内“全进全出”容易做到，做到一个养殖场的一个区“全进全出”也不难，但要做到一个场“全进全出”就很困难，特别是规模养殖场，设计时可考虑分成小区，做到以小区为单位“全进全出”。

2．制订合理的免疫程序

生产实践表明，制定免疫程序首先应考虑本地区近年来发生过哪些疫病及发病季节、发病情况、流行程度等；其次要考虑所养鸡群的饲养方式及母源抗体水平；再次要考虑采用生物制品（疫苗）的种类，其免疫原性、免疫持久性、免疫反应、免疫途径，以及过去在本地区使用的效果（通过对鸡群进行抗体水平监测，检查免疫效果）等，以便确定最佳免疫时机。免疫前后，要避免各种应激，给鸡群适当增喂一些维生素 E 和维生素 C 及免疫增强剂以提高免疫效果。重点做好鸡马立克氏病、鸡新城疫、鸡传染性法氏囊病、鸡传染性支气管炎、禽流感、鸡球虫病等疾病的防治工作。

3．建立疫情预警系统

养鸡场要建立信息平台，及时了解周边地区和国内外家禽疫病的流行情况；建立检测体系（免疫监测、消毒监测、药敏试验），定期用琼脂扩散方法对禽出血性败血病、白痢、大肠杆菌等进行监测；建立鸡群日常状况观测体系，及时了解鸡群的健康状况；制定合理的用药制度。各场要根据发病历史和疫病流行特点，制订合理的用药制度，有计划地在饲料中添加中草药添加剂和微生物添加剂，提高鸡群的抗病能力。一旦发病，首先可考虑使用中草药及生物防治法，改善饲养管理、改善卫生状况，减少抗生素用量。必须使用抗生素防治时则应严格按照国家规定的标准使用，严格执行停药期，尽量减少和控制药物残留。一旦发生疫情，要及时诊断和采取隔离、防疫、消毒、扑杀等有效措施，尽快控制或扑灭疫病，把损失降到最低。

七、养鸡场环境卫生消毒

1. 场区环境消毒与杀虫灭鼠

在生产过程中保持内外环境的清洁非常重要，清洁是发挥良好消毒作用的基础。平时应做好场区环境卫生工作，保持鸡舍外的清洁。经常使用高压水清洗，每月对场区道路、水泥地面、排水沟等区域，用3% ~5%氢氧化钠溶液等消毒液进行4 ~5 次的喷洒消毒，鸡舍内及其周围最好每天消毒1 次。保持鸡舍四周清洁无杂物，定期喷洒杀虫剂消灭昆虫。在老鼠洞和其出没的地方投放毒鼠药消灭老鼠。保持鸡舍外消毒池清洁，每天清刷并定期更换消毒药，保持消毒液新鲜，消毒液每周定期更换，交叉、轮流使用，以确保消毒效果；冬季结冰时，可添加食盐，防止冻结；人员进出必须更换胶靴，经过消毒池消毒后方可进入鸡舍。

2. 空鸡舍的消毒

每栋鸡舍全群移出后，在下一批鸡进鸡舍之前，必须对鸡舍及用具进行全面彻底的严格消毒。鸡舍的全面消毒包括鸡舍排空、机械性清扫、用水冲净、消毒药消毒、干燥、再消毒、再干燥。在空舍后，要先用3% ~5%氢氧化钠溶液或常规消毒液进行1次喷洒消毒，如果有寄生虫还要加用杀虫剂，主要目的是防止粪便、飞羽和粉尘等污染舍区环境。移出饲养设备（料槽、饮水器、底网等），在一个专门的清洁区对它们进行清洗消毒。对排风扇、通风口、天花板、鸡笼、墙壁等部位的积垢进行清扫，经过清扫后，用高压水枪由上到下、由内向外冲洗干净。对较脏的地方，可先进行人工刮除，要注意对角落、缝隙、设施背面的冲洗，做到不留死角，真正达到清洁。禽舍经彻底洗净干燥，再经过必要的检修维护后，即可进行消毒。首先用2%氢氧化钠溶液或5%甲醛溶液喷洒消毒。24小时后用高压水枪冲洗，干燥后再喷雾消毒1次。为了提高消毒效果，一般要求使用2种以上不同类型的消毒药进行至少3次的消毒（建议消毒顺序：甲醛→氯制剂→复合碘制剂→熏蒸），喷雾消毒要使消毒对象表面至湿润挂水珠，最后一次最好把所有用具放入禽舍再进行密闭熏蒸消毒。熏蒸消毒一般每立方米的禽舍空间，使用福尔马林42毫升、高锰酸钾21克、水21毫升，先将水倒入耐腐蚀的容器内，加入高锰酸钾搅拌均匀，再加入福尔马林，消毒人员操作时要带防毒面具，操作完毕迅速离开。门窗密闭24小时后，打开门窗通风换气2天以上，散尽余气后方可使用。实践证明，采用全进全出的饲养方式，鸡出栏后，鸡舍经彻底冲洗消毒，空置20天以上进鸡效果更好。

3. 鸡舍的带鸡消毒

带鸡消毒就是对鸡舍内的一切物品及鸡体、空间用一定浓度的消毒液进行喷洒或熏蒸消毒，以清除鸡舍内的多种病原微生物，阻止其在舍内积累，并能有效降低禽舍空气中浮游的尘埃，避免呼吸道疾病的发生，确保鸡群健康。它是当代集约化养鸡综合防疫的重要组成部分，是控制鸡舍内环境污染和疫病传播的有效手段之一。实践证明，坚持每日或隔日对鸡群进行喷雾消毒可以大大减轻疫病的发生，在夏季兼有降温的作用。

带鸡消毒须慎重选择消毒药，要对人和禽的吸入毒性、刺激性、皮肤吸收性小，不会侵入并残留在肉和蛋中，对金属、塑料制品的腐蚀性小或无腐蚀性。养鸡场常选用0.3%过氧乙酸、0.1%次氯酸钠等。消毒剂稀释后稳定性变差，不宜久存，应现用现配，一次用完。配制消毒药液应选择杂质较少的深井水或自来水，寒冷季节水温要高一些，以防水分蒸发引起家禽受凉而患病；炎热季节水温要低一些并选在气温最高时，以便消毒同时起到防暑降温的作用。喷雾用药物的浓度要均匀，必须由专职人员按说明规定配制，对不易溶于水的药应充分搅拌使其溶解。

带鸡消毒的着眼点不应限于鸡的体表，而应包括整个鸡群所在的空间和环境，否则就不能对部分疫病取得较好的控制。先对鸡舍环境进行彻底的清洁，以提高消毒效果和节约药物的用量。消毒器械一般选用高压喷雾器或背负式手摇喷雾器，将喷头高举空中，喷嘴向上以画圆圈方式先内后外逐步喷洒，使药液如雾一样缓慢下落。要喷到墙壁、屋顶、地面，以均匀湿润和鸡体表稍湿为宜，不得直喷鸡体。喷出的雾粒直径应控制在80～120微米之间，不要小于50微米。雾粒过大易造成喷雾不均匀和禽舍太潮湿，且在空中下降速度太快，与空气中的病原微生物、尘埃接触不充分，起不到消毒空气的作用；雾粒太小则易被家禽吸入肺泡，诱发呼吸道疾病。

第三节　肉鸡病诊断基础

一、流行病学分析

流行病学分析的主要目的是为了摸清传染病发生的原因和传播的条件及其影响因素，以便及时采取合理的防治措施，达到迅速控制和消灭传染病流行的目的。因此，肉鸡养殖场在平时应掌握本场、本地区影响肉鸡传染病发生的一切条件，在发病时于疫区内进行系统的观察，查明传染病发生和发展的过程，诸如流行环节、影响散播的因素、疫区范围、发病率和病死率等，为科学地制订防治措施提供依据。

（一）分析依据的资料种类

流行病学分析应建立在与疫病发生发展相关的诸多资料基础之上，肉鸡场进行流行病学分析前应注意收集如下有关疫病的基础信息。

1. 流行病学资料

流行病学资料包括以下几方面：a. 本地区、本单位历年或近几年本病的逐年、逐月发病率；b. 疫情报告表、门诊登记以及过去防治经验总结等；c. 本单位周围的禽类发病情况、卫生习惯、环境卫生状况等；d. 当地的地理、气候及野生动物、昆虫等；e. 本次病例的年龄、性别、引入时间、发病日期、症状、剖检变化、化验、诊断等；f. 既往病史和预防接种史；g. 传染源及传播途径；h. 接触者及其他可能受感染者（包括人在内）；i. 疫源地卫生状况；j. 已采取的防疫措施及效果。

2. 现场调查资料

疫病从何处传来，怎样传来，病禽是否有可能传染给了其他健康禽。病禽发病时周围环境的卫生状况，以便分析发病原因和传播方式。查看的内容应根据不同疫病的传播途径特点来确定。如当调查肠道疫病时，应着重查看禽舍、水源、饲料等场所的卫生状况，以及防蝇灭蝇措施等；调查呼吸道疫病时，应着重查看禽舍的卫生条件及接触的密切程度（是否拥挤）；调查虫媒疫病时，应着重查看媒介昆虫的种类、密度、滋生场所以及防虫灭虫措施等，并分析这些因素对发病的影响。

3. 实验室检查资料

病鸡样本已作细菌培养、病毒分离及血清学检查等的原始资料。注意要保证样本足够大并有代表性。

4. 饲养管理资料

（1）鸡场概况　包括养鸡场的历史、饲养肉鸡的种类、饲养量和上市量、经济效益、工作人员文化程度和来源等。

（2）鸡场位置与建筑布局　包括周围环境境况，附近是否有养禽场、畜禽加工厂或市场，是否易受台风、冷空气和热应激的影响，排水系统如何，是否容易积水等。各种建筑物的布局是否合理，宿舍、生产区、对外服务部的位置及彼此间的距离，鸡舍的长度、跨度、高度，所用材料及建筑结构是开放式还是密闭式，如何通风、保温和降温，舍内的卫生状况如何，不同季节舍内的温度、湿度如何，采用何种照明方式等。

（3）养殖资料　采用多层笼养还是地面平养，如是平养垫料是否潮湿，采用哪种食槽和饮水器，如何供料、供水，粪便、垫料如何清理等。是地下保温还是地上保温，热源来自电、煤气、煤、柴还是炭，种苗来源、运输过程是否有失误，何时开始饮水和开食何时断喙。鸡群逐日的生产记录，包括饮水量、食料量、死亡数和淘汰数，1 月龄的育成率，肉鸡成活率，平均体重、肉料比等。

（4）饲料饮水管理　自配饲料还是从饲料厂购进，其质量如何，是粉料、谷粒料还是颗粒饲料，干喂还是湿喂，自由采食还是定时供应，是否有限饲及如何限饲，饲料是否有霉变结块等。饮水的来源和卫生标准，水源是否充足，曾否缺水、断水。

（5）免疫情况　计划应接种的疫苗种类和时间，实际完成情况，是否有漏种，疫苗的来源、厂家批号、有效期及外观质量如何，疫苗在转运和保存过程中是否有失误，疫苗的选择是否合适，疫苗稀释量稀释液种类及稀释方法是否正确，稀释后在多长时间内用完，采用哪种接种途径，是否有漏种错种，免疫效果如何；是否进行免疫监测，有何原因可引起免疫失败等。

（6）用药情况　本场曾使用过何种药物，剂量和用药时间；是逐只喂药还是群体投药，经饮水、饲料还是注射给药，用药效果如何；过去是否曾使用过类似的药物，过去使用该种药物时，禽群是否有不正常的反应。

（二）流行病学分析

1. 整理资料

首先将调查所获得的资料作全面检查，看是否完整、准确。然后根据所分析的目的，将资料按不同的性质进行分组，如可按日龄、免疫情况等进行分组，时间可按日、周、旬、月进行分组。分组后，计算各组发病率，并制成统计表或统计图进行对比，综合分析。流行病学分析中常用的几种统计指标如下。

（1）发病率　在一定时间内新发生的某种鸡疫病病例数与同期该鸡群总数之比，常以百分率表示。“鸡只总数”系对该种疫病具有易感性的鸡的头数。“平均”系指特定期内（如1月或1周）存养均数。发病率能较全面地反映出传染病的流行情况，但还不能说明整个流行过程，因为常有许多鸡呈隐性感染，而同时又是传染源。

（2）感染率　在特定时间内，某疫病感染鸡的总数在被调查（检查）鸡群样本中所占的比例。感染率能比较深入地反映出流行过程，特别是在发生某些慢性传染病，如鸡白痢时，进行感染率的统计分析，具有重要的实践意义。

（3）患病率　又称现患率，表示特定时间内，某鸡场鸡群体中存在某病新老病例的频率。病例数包括该时间内新老病例，但不包括此时间前已死亡和痊愈者。

（4）死亡率　某鸡群体在一定时间死亡总数与同期该群鸡总数之比值，常以百分率表示。它能表示该病在鸡群中造成死亡的频率，而不能说明传染病发展的特性，仅在死亡率高的急性传染病时才能反映出流行状态。但对于不易致死或发病率高而死亡率低的传染病来说，则不能表示出流行范围广泛的特征。因此，在传染病发展期还要统计发病率。

（5）病死率　一定时间内某病病死的鸡只总数与同期确诊该病病例鸡只总数之比，以百分率表示。它能表示某病在临诊上的严重程度，因此能比死亡率更为精确地反映出传染病的流行过程和特点。

2．分析资料

（1）分析的方法　可采用综合分析、对比分析、逐个排除等方法分析。分析时应以调查的客观资料为依据，进行全面的综合分析，可通过对比不同单位、不同时间、不同鸡群等之间发病率的差别，找出差别的原因，从而找出流行的主要因素。

（2）分析的内容　主要对发病率、发病时间、发病地区和发病鸡群分布等4个方面进行分析。必要时应对可疑的流行因素，如鸡群的饲养管理、卫生条件、气象因素（温度、湿度、雨量）、媒介昆虫的消长等进行综合分析。

二、临床症状鉴别

（一）肉鸡腹泻症状的鉴别（表6-1）

表6-1 肉鸡腹泻症状鉴别表

腹泻症状	病名	病因	易发日龄
白色糊状稀便	雏白痢	鸡白痢沙门氏菌感染	1~21日龄
水样腹泻	副伤寒	沙门氏菌感染	1~2日龄
绿白色稀便	大肠杆菌病	大肠杆菌感染	1~50日龄
血便或红棕色稀便；糖浆色稀便带血	球虫病	艾美耳属球虫感染	20~50日龄
白色水样稀便	传染性法氏囊病	传染性法氏囊病毒感染	20~60日龄
绿色稀便	新城疫	新城疫病毒感染	各种年龄鸡均可发病
灰白色稀便	痛风	石粉过多、维生素AD中毒	24~35日龄

（二）肉鸡呼吸症状的鉴别（表6-2）

表6-2 肉鸡呼吸症状鉴别表

呼吸症状	病名	病因	流行特点
呼吸困难，有啰音，流鼻液，	传染性支气管炎	冠状病毒感染	各种年龄鸡均可感染，雏鸡死亡率高
呼吸急促，有啰音，鼻孔流出黏液	禽流感	禽流感病毒感染	32~49日龄发病较多，传播快，发病率高

（续表）

呼吸症状	病名	病因	流行特点
鼻流黏性或浆性液体，有喘鸣音，眼睑肿胀	慢性呼吸道病	败血霉形体（支原体）感染	4～8周龄雏鸡多发，病程较长
打喷嚏，流鼻液，颜面浮肿，眼睑和肉髯水肿，结膜炎症	传染性鼻炎	鸡副嗜血杆菌	1月龄以上的鸡多发，呈急性经过，无继发感染时死亡率低
呼吸困难，鼻眼发炎	曲霉菌病	烟曲霉菌感染	15日龄以内雏鸡易感，经霉变饮料和垫料感染
口腔、咽喉、气管或食道有痘斑，呼吸困难，吞咽困难	黏膜型鸡痘	鸡痘病毒感染	各种年龄均可感染，但雏鸡发病率和死亡率高
呼吸困难，用常规治疗呼吸道病的药物，难以治疗好	衣原体病	衣原体感染	各种日龄都可发生

（三）肉鸡神经症状的鉴别（表6－3）

表6－3　肉鸡神经症状鉴别表

神经症状	病名	病因	流行特点
两腿不能站立，运动失调，头和颈阵发性震颤	脑脊髓炎	肠道病毒感染	7～10、21～25日龄雏鸡易感
头颈向后牵引，足趾向内卷曲，飞节着地，呈观星姿势，颈肌痉挛	维生素 B_1 和维生素 B_2 缺乏症	饲料内缺乏或肠道内合成不足，或抗硫胺素酶存在	饲料中缺乏维生素时易感，多见于21～28日龄雏鸡
神经症状表现为扭头、腿翅麻痹、转圈、倒退、站立不稳、共济失调等	鸡新城疫	副粘病毒感染	各种日龄鸡均可发病

（续表）

神经症状	病名	病因	流行特点
一肢或二肢麻痹，翅下垂，步态不稳，有时呈劈叉势	马立克氏病	疱疹病毒感染	2周龄以内的雏鸡易感，2~4月龄鸡出现症状
精神沉郁，有的摇头、转圈、惊厥、抽搐、角弓反张、昏迷死亡。食盐中毒还见有拼命饮水和水泻症状	呋喃类药物和食盐中毒	常因用量过多或混合不均匀引起	雏鸡对本病十分敏感，易引起中毒。服中毒量后数小时发病，突然死亡

（四）肉鸡被皮症状的鉴别（表6-4）

表6-4　肉鸡被皮症状鉴别表

被皮症状	病名	病因	流行特点
鸡冠肉髯苍白	鸡传染性贫血或住白细胞虫病	鸡传染贫血病毒或住白细胞虫感染	鸡传染性贫血主要经种蛋垂直传播，2~3周龄幼雏和中雏易感染发病。各个日龄的鸡都能感染住白细胞虫病，但以3~6周龄的雏鸡发病率和死亡率较高，本病的流行有明显的季节性，南方多发生于4~10月，北方多发生于7~9月
皮肤有痘疹	鸡痘	痘病毒感染	任何日龄的鸡均可感染，一年四季均可发生，尤其是春、秋两季和蚊、蝇活跃的季节最易流行
皮肤黄染	包涵体肝炎	禽腺病毒感染	肉鸡多发，多见于3~15周龄，其中以3~9周龄最常见
脚鳞片出血	禽流感	禽流感病毒感染	各种日龄鸡均可感染
皮下水肿	硒缺乏症	硒元素缺乏	常以2~3周龄的雏鸡发病为多

三、临床剖检

（一）鸡群观察与病鸡检查

1. 鸡群一般状态

在舍内一角或场外直接观察全群状态，以防止惊扰鸡群。注意观察鸡只精神状态，对外界的反应，观察呼吸，采食、饮水的状态，运动时的步态等。正常健康鸡听觉灵敏，白天视觉敏锐，周围稍有惊扰便迅速反应，活动灵活；食欲旺盛，生长发育正常；羽毛丰满光洁，鸡冠肉髯红润。病态鸡表现为鸡冠苍白或发绀，羽毛松乱；咳嗽、打喷嚏或张口呼吸；食欲减退或废绝，两眼紧闭，精神萎靡消瘦，蹲伏在鸡舍一角。

2. 病鸡检查

（1）鸡冠和肉髯　冠和肉髯是鸡皮肤的衍生物，内部具有丰富的血管、淋巴管和神经，许多疾病都出现鸡冠和肉髯的变化。正常的鸡冠和肉髯颜色鲜红，组织柔软光滑。如果颜色异常则为病态。鸡冠发白，主要见于贫血、出血性疾病及慢性疾病；鸡冠发紫，常见于急性热性疾病，也可见于中毒性疾病；鸡冠萎缩，常见于慢性疾病；如果冠上有水疱、脓包、结痂等病变，多为鸡痘的特征。肉髯发生肿胀，多见于慢性禽霍乱和传染性鼻炎。

（2）眼睛　健康鸡的眼大而有神，周围干净，瞳孔圆形，反应灵敏，虹膜边界清晰。病鸡眼怕光流泪，结膜发炎，结膜囊内有豆腐渣样物，角膜穿孔失明，眼睑常被眼眵粘住，眼边有颗粒状小痂块，眼部肿胀，眼白色混浊、失明，瞳孔变成椭圆形、梨子形、圆锯形，或边缘不齐，虹膜灰白色。

（3）口鼻　健康鸡的口腔和鼻孔干净，无分泌物和饲料附着。病鸡可能出现口、鼻有大量黏液，经常晃头，呼吸急促、困难，喘息、咳出血色的黏液等症状。

（4）羽毛和姿势变化　正常时，鸡被毛鲜艳有光泽。有病时则羽毛变脆、易脱落，竖立、松乱，翅膀、尾巴下垂，易被污染。正常鸡站卧自然，行动自如，无异常动作。病鸡则出现步态不稳，运动不协调，转圈行走或经常摔倒，头颈歪向一侧或向后背等症状。

（5）呼吸　正常鸡的呼吸平稳自然。病鸡应观察其呼吸状态，注意是否有啰音、咳嗽、打喷嚏等。

（6）粪便　粪便检查是临床诊断鸡病的一个重要方面，因为粪便发生异常变化，往往是疾病的预兆。健康鸡的粪便一般是成型的，以圆锥状多见，表面有一层白色的尿酸盐，其颜色往往因饲料的种类不同有差异。鸡的异常粪便在质、量、形态和消化不良等方面表现出来。常见的异常粪便有以下几种。

①牛奶样粪便。粪便为乳白色，稀水样似牛奶倒在地上，鸡群一般在上午排出这种粪便。这是肠道黏膜充血、轻度肠炎的特征粪便。

②节段状粪便。粪便呈堆形，细条节段状，有时表面有一层黏液。刚刚排出的粪便，水分和粪便分离清晰，多为黑灰或淡黄色。这是慢性肠炎的典型粪便，多见于雏鸡。

③水样粪便。粪便中消化物基本正常，但含水分过多，原因有大肠杆菌病、低致病性禽流感、肾传支、温度骤然降低应激、饲料内含盐量过高、环境温度过高等。

④蛋清状粪便。粪便似蛋清状、黄绿色并混有白色尿酸盐，消化物极少。

⑤血液粪便。粪便为黑褐色、茶锈水色、紫红色、或稀或稠，均为消化道出血的特征。如上部消化道出血，粪便为黑褐

色，茶锈水色。下部消化道出血，粪便为紫红色或红色。

⑥肉红色粪便。粪便为肉红色，成堆如烂肉，消化物较少，这是脱落的肠黏膜形成的粪便，常见于绦虫病、蛔虫病、球虫病和肠炎恢复期。

⑦绿色粪便。粪便墨绿色或草绿色，似煮熟的菠菜叶，粪便稀薄并混有黄白色的尿酸盐。这是某些传染病和中暑后由胆汁和肠内脱落的组织混合形成的，所以为墨绿色或黑绿色。

⑧黄色粪便。粪便的表面有一层黄色或淡黄色的尿覆盖物，消化物较少，有时全部是黄色尿液。这是肝脏有疾病的特征粪便。

⑨白色稀便。粪便白色非常稀薄，主要由尿酸盐组成，常见于传染性法氏囊病、鸡白痢，食欲废绝的病鸡和患尿毒症的鸡。

（7）皮肤触摸　从头颈部、体躯和腹下等部位的羽毛用手逆翻，查检皮肤色泽及有无坏死、溃疡、结痂、肿胀、外伤等。正常皮肤松而薄，表面光滑，易与肌肉分离。若皮肤增厚、粗糙有鳞屑，两小腿鳞片翘起，脚部肿大，外部像有一层石灰质，多见于鸡疥癣病或鸡突变膝螨病；皮肤上有大小不一、数量不等的硬结，常见于马立克氏病；皮肤表面出现大小数量不等、凹凸不平的黑褐色结痂，多见于皮肤型鸡痘；皮下组织水肿，如呈胶冻样，常见于食盐中毒，如内有暗紫色液体，则常见于维生素 E 的缺乏症。

（8）嗉囊　用手指触摸嗉囊内容物的数量及其性质。嗉内食物不多，常见于发生疾病或饲料适口性不好。内容物稀软，积液、积气，常见于慢性消化不良。单纯性嗉囊积液、积气是鸡高烧的表现或唾液腺神经麻痹的缘故。嗉囊阻塞时，内容物多而硬，弹性小。过度膨大或下垂，是嗉囊神经麻痹或嗉囊本身机能失调引起的。嗉囊空虚，是重病末期的象征。

（9）腹部　用于触摸腹下部，检查腹部温度、软硬等。腹部异常膨大而下垂，有高热、痛感，是卵黄性腹膜炎的初期；触摸有波动感，用注射器穿刺可抽出多量淡黄色或深灰色并带有腥臭味的浑浊液体，则是卵黄性腹膜炎中后期的表现。如腹部蜷缩、发凉、干燥而无弹性，常见于鸡白痢、内寄生虫病。

（10）腿部和脚掌　鸡腿负荷较重，患病时变化也较明显。病鸡腿部弯曲，膝关节肿胀变形，有擦伤，不能站立，或者拖着一条腿走路，多见于锰和胆碱缺乏症。膝关节肿大或变形，骨质变软，常见于佝偻病，跖骨显著增厚粗大、骨质坚硬，常见于白血病等。腿麻痹、无痛感、两腿呈“劈叉”姿势，可见于鸡马立克氏病。病初跛行，大腿易骨折，可见于葡萄球菌感染。足趾向内卷曲，不能伸张，不能行走，多见于核黄素缺乏症。观察掌枕和爪枕的大小及周围组织有无创伤、化脓等。

（二）鸡的尸体剖检

在鸡病诊断中，尸体剖检是最常用的诊断手段。通过剖检，根据特征性病理变化，结合流行特点和临床症状，一般能作出初步诊断。

1. 收集临床症状

了解临诊情况，包括疾病流行特点、防治措施、治疗效果等。

2. 活禽致死

如是活禽，先检查外观，注意头、爪部是否异常和患外寄生虫病。杀死方法有 3 种：在环枕头节处将头部与颈关节断离；用带 18 号针头的注射器，从胸前插入 3.5 ~ 4 厘米到心脏，注入 10 ~ 25 毫升空气；颈侧动脉放血，但这种方法会影响血液循环障碍的检查。

3. 固定尸体

为防止剖检中羽毛和灰尘埃污染内脏，应将尸体放在2%～5%的来苏尔溶液（或水）中浸泡后再剖检，注意要将病禽头部放在消毒液之外，以免药液进入呼吸道，影响病原分离。剖检是对病禽的进一步诊断，病禽的内脏器官和组织常有特异的病理变化。剖检应在病鸡死亡之后尽早进行。病变不典型时，要多剖检几只，以便对比、统计和分析。剖检首先切开大腿与腹部间的皮肤，将两大腿分别向外侧转动，使髋关节脱臼，然后将大腿与身体分离，分离时使尸体腹部朝上，平卧于解剖盘中。

4. 肌肉检查

横切腹部皮肤与两侧切口相连，腹部皮肤往后腿翻开，再沿龙骨切开胸部皮肤，向两侧剥离翻开，暴露并检查腹肌与胸肌。沿腹中线从泄殖腔处将皮肤提起剪至下颌，再将皮肤向两侧撕开，充分暴露气管、食管、胸肌和腿肌。肌肉质地干燥，有灰白色条纹，则表明可能患某些营养物质缺乏症、白肌病；顺肌纤维方向出现条块状出血，多见于传染性法氏囊病；点状出血或弥漫性出血，表明可能是药物中毒或患白血病。

5. 骨关节检查

主要查看长骨、胸骨及膝关节。长骨骨端肥大、肋骨与肋软骨连接处肥大成结节状及胸骨扭曲是佝偻病的特征；膝关节异常肿大且腓肠肌滑落是锰缺乏症的表现；关节囊内含干酪样物质或白色沉淀物，表明可能为关节炎型葡萄球菌感染或患痛风症。另外，高产或产蛋高峰期的笼养蛋鸡，常发生骨骼疏松，若胫腓骨变软易折，则表明缺钙。

6. 体腔剖开及内表检查

沿胸骨后端泄殖孔纵向切开腹壁至胸骨两侧，沿肋弓切开腹壁，掀开胸骨，注意观察腹水情况和腹气囊变化。在胸骨两侧与肋软骨连接处，自后向前剪断肋软骨，再用骨剪剪断喙骨和锁骨，手握龙骨向前上方搬拉，割离肝、心与胸骨联系即可暴露胸腔。暴露胸腔后，保持各脏器位置，注意体腔内壁、胸气囊以及脏器表面有无异常。若气囊肥厚混浊、附有干酪物，表明患呼吸道疾病；患曲霉素病时，在气囊表面还可见到霉菌结节；腹水混浊常见于细菌性或卵黄性腹膜炎；脏器表面及腹壁内侧有白色絮状尿酸盐沉着，则表明患痛风。

7. 病料采取

剥离肝左叶后，向右翻开暴露脾脏，取病料培养，肠道内容物样品应最后采集。如果没有采集血样，而病鸡是在剖检前刚死的，则可在心脏暴露后穿刺采血。将脏器移至瓷盘内，从口腔向下分离气管、食管、肠道、心、肝、脾、肺、肾、输卵管等，并逐一进行检查。

8. 口腔及颈部检查

剪开一侧嘴角，检查口腔，注意舌、咽、喉、上腭裂和黏膜的病变。从嘴侧切口向胸部纵行切开颈部皮肤，检查胸腺、食管、气管以及气管两侧的迷走神经。纵行切开食管、嗉囊、咽喉和气管，注意内容物的性状、气味、色泽和黏膜变化。

沿颈静脉寻至后方，在形成“V”形的左右锁骨的交汇处，有淡褐色略透明的卵圆形甲状腺。在甲状腺后方，与之毗邻的位置有小的白色甲状旁腺。检查时应注意是否肿胀。当疑为维生素 D_3 和钙缺乏时，应特别注意观察甲状旁腺的大小。

9. 呼吸道检查

呼吸道的检查应注意黏膜是否充血、出血，有无痘疹、坏死及分泌物等。在眼与鼻孔之间用骨剪横断上喙，检查鼻腔，暴露眶下窦开口前端，用剪刀沿开口侧面纵向剪开窦外壁，检查鼻窦、眶下窦及内容物。正常情况下其内壁应湿润清洁无异物，如果需要可作病原培养。如窦腔内浆液性渗出物增多或有黄色干酪物，则表明可能患慢性呼吸道病、传染性支气管炎、传染性鼻炎等。

剖开气管，如气管与支气管交界处有白色干酪样栓塞，则为传染性支气管炎病变；喉头、气管有血性黏液，则表明为传染性喉气管炎；喉头、气管有灰白色隆起物（痘疹），或黄白色干酪样坏死物，多见于黏膜型鸡痘。患气囊炎或腹膜炎时，可见气囊混浊、增厚，囊腔内有分泌物；患慢性呼吸道病时，气囊混浊或有黄色渗出物。呼吸系统疾病在上呼吸道各部位通常都有交叉病理表现，必须综合判断。

10. 心脏检查

切开心包，查看心包液容量、色泽及渗出物，观察心冠脂肪和心肌的色泽、弹性及有无出血点、肿瘤结节等。患禽霍乱的病鸡常表现为心包液增多、呈黄色，有纤维素渗出，心冠脂肪出血等变化。病程较长的衰竭性疾病，心冠脂肪有胶冻样变性，变性心冠脂肪呈黄色且心肌松弛、苍白。

11. 肝脏的检查

肝脏的病变主要表现为色泽异常、炎性肿胀、质地变脆及有特殊坏死灶。霉变饲料中毒、药物中毒，患禽霍乱、大肠杆菌病时，肝脏肿大、质地变脆、有条纹状出血。除肿瘤疾病外，肝脏有坏死灶则表明可能患细菌性疾病；肝脏有出血点常表明可能患病毒性疾病。

许多疾病在肝脏表面都有特征性坏死灶，如患禽霍乱家禽的肝脏表面有多量灰白色、针尖大小的坏死灶；盲肠炎（组织病虫病）的肝脏表面有中间凹陷、周围黄绿色的圆形坏死溃疡病灶，且单个或融合成片；弧菌性肝炎的肝脏表面有白色、星状或菊花状坏死灶。

霉变饲料中毒家禽的肝脏呈土黄色，患禽伤寒病鸡的肝脏呈古铜色。患大肠杆菌病时其肝脏表面常有多量纤维蛋白包裹。患内脏型马立克氏病的病鸡肝脏表面或深部常可见到灰白色肿瘤。患禽淋巴白血病的，其肝脏极度肿大、色泽变淡、质地稍硬。

12．脾脏检查

脾脏肿大，表面有白色肿瘤结节，常见于内脏型马立克氏病。在一些细菌性和病毒性疾病中，常可见到脾脏肿大，有白色坏死点；而代谢性疾病一般见不到脾脏肿大。

13．肺脏检查

用刀切割肺侧缘附着处，将肺从肋骨间凹陷中剥出来，上提两肺叶（注意不要损坏第一级支气管），用剪刀将肺脏、支气管与食管分开。将肺从肋间翻向内侧，检查。

肺部病变一般不多，主要应检查其质地、出血情况等。雏鸡肺组织实变，并有大小不等的黄色或白色结节，多见于雏鸡患曲霉菌病或肺型鸡白痢。患有白细胞虫病的鸡，死后肺部通常有凝血块。肺炎病灶大多数都发生在第一级支气管及其周围肺组织，因此必须检查肺脏的横切面，否则很易漏掉肺内病灶。

14．肾脏检查

肾和输尿管一般作原位检查，正常的肾脏位于肋窝间，深红色或红褐色，前后细长而分为前、中、后3个肾叶。当发生马立克氏病时，肾脏有肿瘤、灰白色并突出肋窝。当发现痛风症、传染性法氏囊病、肾型传染性支气管炎时，肾肿胀，细尿管、输尿管内充满尿酸盐，在肾表面形成红白相间的索状弯曲，呈斑驳状。

15．输卵管检查

剥离卵巢和输卵管，纵行切开检查。

16．法氏囊检查

法氏囊位于泄殖腔背侧，将直肠后拉即可见到圆形的法氏囊，可原位切开检查。法氏囊水肿、出血或萎缩，是传染性法氏囊病的特征性病变。禽淋巴白血病会在法氏囊上形成肿瘤，这也是与马立克氏病的一个重要区别。

17．消化道检查

从咽喉部至泄殖腔逐一剖开，主要检查消化道黏膜的出血、肿胀、溃疡、纤维素渗出，肠内容物及肠道寄生虫等状况。检查胰腺后，在腺胃前沿剪断食管，切断肠系膜，将整个胃肠道往后翻拉，横切直肠，取下胃肠道，用肠剪纵行切开检查。

咽喉部主要查看有无干酪物、血块及假膜，禽痘或传染性喉气管炎时，在咽喉部可见明显的纤维素性假膜或血块。食道嗉囊的病变具有特殊性，鸡白色念珠菌病在食道嗉囊黏膜上也有明显的白色圆形隆起或融合成片的假膜，且不易剥离。维生素A缺乏症的病禽在食道黏膜也可见露珠状细小隆起。此外嗉囊积食或松软可了解饲料成分，以改进饲喂方法；嗉囊充满水气混合物，可能为新城疫；嗉囊黏膜脱落，可能是慢性蓄积性中毒。

腺胃的病变较为普遍，腺胃乳头出血是鸡新城疫的特征之一；腺胃与肌胃交界处的黏膜出血、溃疡，多见于传染性法氏囊病；腺胃壁肿胀肥厚、出血、腺体扩张等病变，在传染性支气管炎、马立克氏病中都可见到。肌胃一般无明显病变，2 周龄以内雏鸡剥离角质层，有时可见少量白色结节，提示可能为禽脑脊髓炎；腺胃乳头分泌亢进，挤出浓厚分泌物，提示饲料中可能性霉菌毒素。

肠道主要检查其黏膜有无充血、出血、溃疡等。先看肠浆膜面，注意其色泽，表面有无出血斑点、坏死灶；而后再看黏膜面，注意内容物的性状、颜色，黏膜有无充血、出血、渗出物或分泌物。十二指肠黏膜的充血、出血、肿胀，往往是多种消化道疾病的共性病变。小肠中后段及盲肠管扩张，内含血样内容物，黏膜浆膜有出血点则为球虫病的特征。盲肠栓子在组织滴虫引起的鸡盲肠肝炎病中有一定诊断意义。肠道黏膜表面有隆起的结节，提示为副伤寒。肠道变粗、充气，可能是梭菌感染。盲肠扁桃体位于回盲交界处，正常情况下，扁平微隆起，当鸡新城疫等消化道疾病时则肿大、充血、出血。家禽的直肠病变较少。鸡新城疫时泄殖腔黏膜出血严重。

18. 神经检查

在第一肋骨基部与最后颈椎间，切断肩胛软骨与胸壁肌肉间的联系，用手向两侧拉开左右肩胛软骨，即可检查臂神经丛。可用钝性剥离法在骨盆腔内除去肾中叶表层部分，即可检查腰荐神经丛。在腿部股内侧剥离内收股后，就可暴露出坐骨神经，正常时呈白色，有光泽，可见纤维横纹。在腿麻痹的病例，应检查坐骨神经的粗细是否均匀，有无肿大变粗等。

19. 脑组织检查

剥离头部皮肤，在头顶骨中线作十字切开，用骨剪去除顶骨，分离脑与周围联系，取出脑检查，注意脑膜与实质病变。必要时要用无菌方法取病料检查。

20．骨髓检查

骨髓的检查和取材一般在剖检的最后阶段进行。取出股骨，去掉其上面附着的肌肉，用骨刀纵行切开股骨以检查骨髓。切开胫骨近端骨髓，检查软骨骨化情况。检查骨髓组织的色泽、质地，有无肿瘤和坏死，还可做骨髓涂片（或印片）。必要时采取组织块固定于福尔马林中，以备切片检查之用。同时可检查骨组织的厚薄、硬度，如发现骨质疏松或软化，应观察甲状旁腺的大小是否正常。

四、实验室诊断

一般通过病例调查、临床检查和病理剖检可对大多数肉鸡疾病作出初步诊断。但当疾病缺乏临床特征而又需要作出正确诊断时，必须借助实验室手段。

（一）细菌学诊断

一般包括采集病料、涂片镜检、病原的分离培养与鉴定、动物接种试验等。

1．病料采集与病原分离培养

为了使微生物学诊断结果准确，必须正确地采集病料。可根据对临床初步诊断所怀疑的疾病，作确诊或鉴别诊断时应检查的项目来确定采集病料的种类，按照无菌操作的要求从濒临死亡或死亡几小时内的病例中采取病料，以使病料新鲜。较常采取的病料是血液、肝、脾、肺、肾、脑、腹水、心包液、关节滑液等。

据各种病原微生物的不同特性，选择合适的培养基接种培养。真菌、螺旋体以及某些有特殊要求的细菌则用特殊的培养基。接种后，通常置于37℃恒温箱中好气培养，必要时进行厌氧培养。病毒的分离可接种于健康的非免疫或SPF鸡胚或鸭胚，获得的细菌或病毒必须用各种方法做进一步的鉴定，以确定其种属和血清型等。

2. 禽病的细菌学检验

(1) 涂片镜检　主要用于观察活体微生物的状态和运动性，如压滴标本。压滴标本是取洁净载玻片一张，在其上加一滴生理盐水（液体材料可以不加水），再用接种环在火焰上灼烧灭菌后蘸取适量的待检材料。在水滴上加盖一张洁净的盖玻片，注意不可有气泡。对于组织脏器，用无菌剪刀剪一新鲜创口，随即以新鲜切面触片。检查时将标本置于显微镜载物台上，先用低倍镜测定位置，再用高倍镜或油镜观察。

(2) 细菌染色　应用各种染料对细菌进行染色。

①革兰氏染色法。取干燥并经火焰固定的涂片滴加草酸铵结晶紫2~3滴于涂面上，染色1分钟后水洗，并将玻片上积水轻轻拭净。加革兰氏碘溶液2~3滴于涂片上媒染1分钟，倒去碘液轻轻拭净，再加95%酒精3~5滴于涂面上，频频摇晃水溶液（或石炭酸复红溶液）复染30秒，水洗后用油镜观察。结果是革兰氏阳性菌呈紫色，革兰氏阴性菌呈红色。

②美蓝染色法。取经干燥、固定的涂片滴加美蓝染液2~3滴，使染液铺满涂片面，1~2分钟后吸去染色液，用细小水流冲去多余染液，晾干或用滤纸轻轻吸干。结果是菌体呈蓝色，荚膜呈粉红色。

③姬姆萨染色法。触片经自然干燥后，不用火焰固定，直接滴加姬姆萨染色液数滴（染液中有甲醇，能起固定作用），2分钟后再加等量蒸馏水，轻轻摇晃使之与染液混合均匀。5分钟后水洗干燥，或将玻片浸入盛有染色液的缸中，染色数小时或过夜，取出水洗、干燥、滴油镜检。

（3）细菌的生化特性鉴定　各种细菌具有独立的酶系统，所以在相应的培养基上生长时，产生不同的代谢产物，据此可鉴定出各种细菌。进行生化检查时，必须用纯培养菌进行。常用的生化检测如下。

①糖（醇、糖苷）类发酵试验。将待检菌的纯培养物接种于各种糖发酵培养基中，置37℃培养24～48小时，长的1周至1个月不等，应视试验要求而定。其间要定时观察，如产酸时，则指示剂呈酸性反应，则培养液由紫色变为黄色；如不分解糖，则仍呈紫色；如分解后产气，则小管内积有气泡。

②V－P试验。所用培养基为含0.1%葡萄糖的蛋白胨水，pH值7.6。接种菌后于37℃培养2～3天。取出，按2毫升培养液加V－P试剂0.2毫升，置48～50℃水浴2小时或37℃4小时，充分震荡，呈红色者为阳性。

③甲基红（M·R）试验。其培养基和培养方法与V－P试验相同，向培养基内加入数滴甲基红试剂，混匀后判定。培养物中pH值低时呈红色，即为甲基红试验阳性。pH值较高的培养物呈黄色，即为甲基红试验阴性。

④靛基质试验。将细菌接种于蛋白胨水，37℃培养2～3天，沿试管壁滴加试剂（对二氨苯甲醛）约1毫升于培养液表面，如该菌能产生靛基质，则两液接触处变成红色为阳性，黄色为阴性。

⑤硫化氢试验。将细菌穿刺接种于醋酸铅琼脂培养基中，37℃培养24小时，穿刺线出现黑色者为阳性，无黑色为阴性。

⑥硝酸盐还原试验。将细菌穿刺接种到硝酸盐培养基内，并同时接种已知阳性菌做对照，37℃培养4～5天，加入试剂甲液和乙液各5滴，轻摇培养基，混合均匀。在1～2分钟内若硝酸盐

还原变为红色者为阳性，无颜色变化为阴性（甲液为氨基苯磺酸，乙液为α—萘胺）。

⑦美蓝还原试验（细菌脱氢酶的测定）。于5毫升肉汤培养基中加入1%美蓝液1滴。将被检菌接种于培养基中，在37℃下培养18～24小时，完全脱色为阳性，绿色为弱阳性，不变色者为阴性。

⑧尿素酶试验。将被检菌接种于含有酚红指示剂的尿素培养基中，于37℃恒温箱中培养24～48小时后观察结果，如细菌能分解尿素则培养基因产碱而由黄色变为红色。

⑨明胶液化试验。取蛋白胨水2毫升，加温至37℃，用白金耳蘸取菌液，并在上述蛋白胨水中制成厚悬液，然后加入一块木炭明胶圆片，37℃水浴，通常在1小时内看到液化现象。

（4）细菌的药敏试验　对分离出的病菌进行药物敏感试验，筛选出高度敏感的药物用于防治该菌引起的感染。具体做法是：将分离的纯培养物涂布普通琼脂或鲜血琼脂平板培养基表面（磺胺类药物的药敏试验要用无蛋白肉汤琼脂平板），尽可能涂布致密均匀，用无菌镊子将已制好的干燥药物纸片（或商品纸片）分别贴于平板培养基表面，一般9厘米直径的平皿可同时贴6～9片。最后将平皿底部向上置于37℃恒温箱内培养18～24小时，取出观察结果。经培养后，凡对该菌有抑制能力的抗菌药物，在纸片四周出现一个无细菌生长的圆圈，称为抑菌圈，按照抑菌圈大小来判定敏感度的高低。抑菌圈直径大于20毫米为极敏感，15～20毫米为高敏，10～15毫米为中敏，小于10毫米为低敏，无抑菌圈为不敏感。

（二）免疫学诊断

免疫学诊断是建立在抗原与相应抗体发生可见反应这一原理的

基础上，在传染病的诊断、病原微生物的分类和鉴定以及抗原分析等方面，均具有广泛的应用。用已知的抗体，可以对分离获得的病原微生物予以鉴定。相反，可通过已知的抗原对康复家禽、隐性感染家禽以及接种疫苗后的家禽的抗体加以定性或定量测定。

1．玻片凝集反应

玻片凝集反应又称快速凝集反应，为一种定性试验。在鸡白痢的诊断及流行病学调查中较为常用，现以此例说明其操作方法。

鸡白痢玻片凝集试验：用移液枪吸取诊断液（即鸡白痢凝集抗原）50 微升，滴在洁净的玻片或普通厚玻璃上。刺破鸡冠或翅静脉采血 50 微升使二液混匀，使抗原与血液充分混合。阳性反应，在 1～3 分钟细菌和红细胞从混合液滴的边缘开始逐渐凝集成较大的颗粒或呈片状、团块状，将红细胞凝集成许多小区，余下透明的液体，外观呈花斑状。如果在 2～3 分钟不出现凝集现象，则为阴性反应，此时可见玻板上的混合液保持原来的状态，或是中间部分较浓，四周为较稀薄的混悬物。

2．血凝与血凝抑制试验

有些病毒具有凝集某种（些）动物红细胞的能力，称为病毒的血凝，利用这种特性设计的试验称红细胞凝集（HA）试验，以此来推测被检材料中有无病毒存在，是非特异性的，但病毒的凝集红细胞的能力可被相应的特异性抗体所抑制，即红细胞凝集抑制（HI）试验，具有特异性。通过 HA－HI 试验，可用已知血清来鉴定未知病毒，也可用已知病毒来检查被检血清中的相应抗体和滴定抗体的含量。

（1）血凝（HA）试验　在 96 孔微量反应板上进行，自左至右各孔加 50 微升生理盐水；于左侧第 1 孔加 50 微升病毒液（尿囊液或冻干疫苗液)，混合均匀后，吸 50 微升至第 2 孔，依次倍比稀释至第 11 孔，吸弃 50 微升；第 12 孔为红细胞对照；自右至左依次向各孔加入 1% 鸡红细胞悬液 50 微升，在振荡器上振荡，室温下静置后观察结果（表 6－5)。

结果判定：从静置后 10 分钟开始观察结果，待对照孔红细胞已沉淀即可进行结果观察。红细胞全部凝集，沉于孔底，平铺呈网状，即为 100% 凝集（＋＋＋＋)；不凝集（－）红细胞沉于孔底呈点状。

表 6－5　病毒血凝试验的操作方法　　（微升）

孔号	1	2	3	4	5	6	7	8	9	10	11	12
病毒稀释度	1：2	1：4	1：8	1：16	1：32	1：64	1：128	1：256	1：512	1：1024	1：2048	对照
生理盐水 病毒液	50 50	50 50	50 50	50 50	50 50	50 50	50 50	50 50	50 50	50 50	50 50	50 50弃去
1%红细胞	50	50	50	50	50	50	50	50	50	50	50	50
结果观察	++++	++++	++++	++++	++++	++++	+++	+++	+	+	－	－

以 100% 凝集的病毒最大稀释度为该病毒血凝价，即为 1 个凝集单位。从表 6－5 看出，该新城疫病毒液的血凝价为 1：128，则 1：128为 1 个血凝单位，1：64、1：32 分别为 2 个、4 个血凝单位，或将 128/4＝32，即 1：32 稀释的病毒液为 4 个血凝单位。

（2）血凝抑制（HI）试验　根据 HA 试验结果，确定病毒的血凝价，配制出 4 个血凝单位的病毒液。在 96 孔微量反应板上进行，用固定病毒稀释血清的方法，自第 1 孔至第 11 孔各加 50 微升生理盐水。第 1 孔加被检鸡血清 50 微升，吹吸混合均匀，吸 50 微升至第 2 孔，依此倍比稀释至第 10 孔，吸弃 50 微升，稀释度分别为 1：2、1：4、1：8……第 12 孔加新城疫阳性血清 50 微升，作为血清对照。第1～12孔各加50微升4个血凝单位的新城疫病毒液，其中第11孔为4单位新城疫病毒液对照，振荡混合均匀，置室温中作用10分钟。第1～12孔各加1%鸡红细胞悬液50微升，振荡混合均匀，室温下静置后观察结果（表6－6）。

表6－6　病毒血凝抑制试验的操作方法　　（微升）

孔号	1	2	3	4	5	6	7	8	9	10	11	12
血清稀释度	1：2	1：4	1：8	1：16	1：32	1：64	1：128	1：256	1：512	1：1024	病毒对照	血清对照
生理盐水	50	50	50	50	50	50	50	50	50	50	50	
被检鸡血清	50	50	50	50	50	50	50	50	50	50		50
4单位病毒	50	50	50	50	50	50	50	50	50	50	50	50
室温中静置10分钟												
1%红细胞	50	50	50	50	50	50	50	50	50	50	50	50
											弃去50	
结果观察	－	－	－	－	－	－	+	++	+++	++++	++++	－

结果判定：待病毒对照孔（第11孔）出现红细胞100%凝集（＋＋＋＋），而血清对照孔（第12孔）为完全不凝集（－）时，即可进行结果观察。

以100%抑制凝集（完全不凝集）的被检血清最大稀释度为该血清的血凝抑制效价，即HI效价。凡被已知新城疫阳性血清抑制血凝者，该病毒为新城疫病毒。

从表6－6看出，该血清的HI效价为1：64，用以2为底的对数（log2）表示，即6log2。

（三）禽病的寄生虫学检验

1．蠕虫的常规检验

（1）虫体检查　肉眼观察粪便中有无虫体。将被检粪便加入

10 倍以上的清水，混匀沉淀，倒去上清液，反复数次，肉眼或放大镜在粪便中查找虫体，凭积累的经验或借助显微镜鉴别。

（2）幼虫检查　有些线虫随粪便直接排出幼虫，有些是蠕虫卵在外界环境中很快孵化成虫。对此类寄生虫的诊断可采用如下方法。

①漏斗幼虫分离法。取直肠内容物或新鲜粪便，平铺于直径 2～4 厘米的漏斗内的金筛上，漏斗下连接一根长 5～15 厘米的橡皮管，橡皮管末端接一根小式管。在漏斗内加入 38℃的清洁温水使液面与筛相接触，室温中放置 1～2 小时，新孵出的活泼幼虫沉于小试管底，弃上清液，将沉淀物置于载玻片镜检，可见活动的幼虫。

②平皿幼虫分离法。取待检粪便 3～4 克，置于平皿或表面玻璃中，加适量 40℃温水，等 5～10 分钟后除去粪渣，用低倍镜检查平皿中的液体，观察有无活动的幼虫存在。

③幼虫培养检查法。圆形目的线虫虫卵，在形态结构及大小上相似，镜检往往难鉴别，为了生前确诊，常将幼虫经过培养，待发育成感染性幼虫后观测之。方法是将新鲜粪便塑成半球形置于平皿中，在 25～30℃（室内或温箱中，按情况每天加少量水）经几天，用漏斗幼虫分离法处理，查有无活动的幼虫。

（3）虫卵检查

①涂片法。取 50% 甘油水溶液 1 滴置于载玻片上，用小玻棒或小柴梗取粪便一小块，与上述溶液混合，将较粗的粪渣推向一边后，均匀涂布，盖上盖玻片，即可镜检。如无甘油水溶液，亦可用常水替代。本法简单，但检出率不高，需反复检查才能证实。

②沉淀法。利用比重低于蠕虫卵的水处理被检粪便，使虫卵沉淀集中。

自然沉淀法：取粪便 2～5 克，加水彻底混合使成悬液，用 40～60 目/2.54 厘米的铜丝筛滤取大块物质，静止 15 分钟后倾去上清液，如此反复直至上清液透明为止，弃去上清液，置沉淀物于载玻片，盖上盖玻片，镜检查虫卵。

离心沉淀法。取粪便约 1 克置试管中，加入 5 倍量的水使其成混悬液，用 40 目/2.54 厘米的铜丝筛过滤入离心管中，以 800 转/分钟离心 3～4 分钟，吸取管底沉渣或小心弃去上清液，置沉渣于载玻片上，盖上盖玻片，镜检检查虫卵。

③漂浮法。采用比重大的溶液稀释粪便，使粪便中比重较小的虫卵漂浮集到溶液的表面，再用显微镜检查。具体方法：饱和盐水漂浮法操作时，先配制食盐饱和溶液，即在 1 000 毫升沸水中，加 360～380 克食盐，使其溶解，以纱布过滤冷却后，如有结晶析出，即为饱和溶液。取粪便数克，置于小杯或试管中，加少量饱和盐水，仔细搅和，并逐渐加入饱和盐水，当溶液满至边际时，立即用筷子除去漂浮的大块粪便，静置半小时，此时比饱和盐水比重轻的蠕虫卵大多浮在表面，用铂金耳或金属小环在液体表面蘸取液膜数次，抖落在载玻片上，盖上盖玻片，进行镜检。蘸取液膜用的金属小环用后应在火焰上烧灼，以免把蠕虫卵带到下一份材料中去。本法亦可将混合的粪液注满顶立的小试管中，在试管口盖上盖玻片，使与液面相接触，并使之不留气泡。静置 40～45 分钟，将盖玻片迅速取下，覆于载玻片上镜检。

④筛滤法。本法是将粪便先制成悬液，使通过不同孔径的筛，先经过粗筛将粪便中较粗的渣滓（如食物纤维等）保留筛上，而将虫卵和较细粪便保留于滤液中。再将此滤液通过极细的尼龙筛，将虫卵保留于尼龙筛上，而更细的粪渣和可溶性色素均随滤液通过。将尼龙筛上的内容物取出，镜检。一般粗滤可采用

40～60 目/2. 54 厘米的铜丝筛，细筛可用 260 目/2. 54 厘米的尼龙筛。此法多用于大型及中型虫卵的检查。

2．原虫的常规检验

（1）血液检查　于禽类翅静脉采血，制成血涂片，用甲醇固定，用瑞氏、姬姆萨及伊红美蓝等染色方法染色镜检原虫。

（2）粪便检查　粪便中球虫卵囊的检查步骤与蠕虫卵的检查方法相同。如欲检查粪便中球虫卵囊的孢子形成过程及孢子化卵囊的形态，可将被检粪样放于平皿中，加入少量的水，最好加入 0. 5% 重铬酸钾溶液，防止霉菌生长，于 18～25℃ 环境下，每天取粪样检查直至可见到卵囊已有孢子形成为止。如欲使卵囊保存在不发育状态，可在新鲜粪样中加入 5% 石炭酸溶液，以杀死其中卵囊，然后保存于玻璃瓶中。

（3）球虫直检　从病死禽的肠道病变部刮取米粒大小的肠黏膜，涂布于清洁的载玻片上，滴加生理盐水 1～2 滴，加盖玻片后在高倍镜暗视野下观察，可见大量球形像剥了皮的大蒜头似的裂殖体和蒜瓣形的裂殖体。另取少量肠黏膜做成薄的涂片，滴加甲醇液，待甲醇挥发后，用瑞氏染色 2 小时，然后在高倍镜下观察。可见裂殖体被染成浅紫色，裂殖子染成深紫色，小配子体呈圆形紫红色，大配子体为圆形或椭圆形染成深蓝色。

第四节　常见肉鸡疾病综合防疫措施

一、鸡禽流感

禽流感又称真性鸡瘟、欧洲鸡瘟，是由正黏病毒科、流感病毒属、A 型流感病毒引起的禽类烈性传染病。世界动物卫生组织（OIE）将其列为必须报告的动物疫病，我国将其列为一类动物疫病。本病一旦传入鸡场，会造成巨大的经济损失。

1. 流行特点

各种品种和日龄的鸡对于本病均易感。传染源主要为病鸡和带毒鸡（包括水禽和飞禽）。病毒可长期在污染的粪便、水等环境中存活。病毒的传播主要通过接触感染鸡及其分泌物和排泄物，污染的饲料、水、蛋托（箱）、垫草、种蛋、鸡胚和精液等媒介，经呼吸道、消化道感染，也可通过气源性媒介传播。

2. 临床诊断要点

根据禽流感毒力强弱的不同，临床上主要分为高致病性和低致病性禽流感。

（1）鸡高致病性禽流感（H_5亚型）　潜伏期从几小时到数天，最长可达 21 天。病鸡极度沉郁，表现为突然死亡，高死亡率，采食量和饮水量下降，产蛋量急剧下降。病鸡头部和脸部水肿，鸡冠发绀（彩图 7），脚鳞出血（彩图 8），神经紊乱，排绿色粪便。

（2）鸡低致病性禽流感（H_9亚型）　发病率多在 80% 以内，如果无继发感染，死亡率一般在 10% ~50% 不等。潜伏期从几小时到数天，最长可达 21 天。病鸡主要表现为采食量下降，精神沉郁，离群呆立。有明显的呼吸道症状，咳嗽、鸣音、喷嚏和鼻窦肿胀，后期病鸡张口伸颈喘气或咳嗽甩头，由于喘不过气来，往往蹦高死亡，死亡鸡的嗉囊内都有饲料，类如猝死。

3. 剖检诊断要点

（1）高致病性禽流感（H_5亚型）　病鸡全身组织器官严重出血。胸腹部皮下胶冻样渗出物。脑壳和脑膜严重充血、出血。

腹内脂肪充血、有出血点。胸腺缩小，充血、出血。呼吸道黏膜可见气管充血、出血；肺部发炎、出血、水肿，并见肺肋部积水。食道充血、出血，嗉囊内有新鲜的饲料。腺胃肿胀，腺胃乳头出血，腺胃和肌胃交界处黏膜可见带状出血。胰腺有灰白色坏死点，消化道黏膜，特别是十二指肠黏膜、泄殖腔肠黏膜充血、出血。盲肠扁桃体肿大、出血。肝脏肿大、出血、质脆，呈土黄色。脾脏极度肿大，表面有细小、灰白色坏死点。心冠脂肪及心内膜出血，心肌坏死。输卵管的中部可见乳白色分泌物或凝块，卵泡充血、出血、萎缩、破裂，有的可见“卵黄性腹膜炎”。

（2）低致病性禽流感（H_9亚型）　病死鸡气管严重充血、出血，支气管发炎、充血、出血，内有黄白色的干酪样线条状阻塞物；肺部淤血、出血；胸气囊发炎，有黄白色、脓性分泌物。

4．防治要点

（1）处理　本病危害极大，故发现可疑病鸡应立即上报疫情，按《中华人民共和国动物防疫法》及其有关规定，采取紧急、强制性的控制和扑灭措施，扑杀所有病禽和同群禽并进行无害化处理，对禽舍、饲养管理用具等进行严格消毒，对污水、污物、粪便进行无害化处理，对受威胁区的所有禽实施紧急免疫接种。

（2）预防　禽流感发病急、死亡快，一旦发生，损失较大，所以应重视对本病的预防。

①加强饲养管理。严格执行生物安全措施，加强禽场的防疫管理，建立严格的检疫制度，调入种蛋、雏禽等产品，要经过兽医检疫；新进场的雏禽应隔离饲养一定时期，确定无病者方可混群饲养；严禁从疫区或可疑地区引进家禽或禽制品。加强饲养管理，避免寒冷、长途运输、拥挤、通风不良等因素对家禽的影

响，增强家禽的抵抗力。

②免疫预防。禽流感病毒的血清型多且易发生变异，给疫苗的研制带来很大困难。目前常用的禽流感灭活油乳剂疫苗有禽流感（基因重组 H_5N_1 亚型、Re－4 株和 Re－5 株）、H_9N_2 亚型油乳剂疫苗等。

二、鸡新城疫

鸡新城疫又名亚洲鸡瘟或鸡瘟，是由禽副黏病毒 I 型（新城疫病毒）引起的禽类高度接触性烈性传染病。世界动物卫生组织（OIE）将其列为必须报告的动物疫病，我国将其列为一类动物疫病。

1．流行特点

各日龄、品种的肉鸡均易感。非免疫易感鸡群感染时，发病率、死亡率可高达 90% 以上；免疫效果不好的鸡群感染时症状不典型，发病率、死亡率较低。本病传播途径主要是消化道和呼吸道。传染源主要为感染鸡，其粪便和口、鼻、眼的分泌物等可污染水、饲料、器械、器具。带毒的野生飞禽、昆虫及相关从业人员等均可成为传播媒介。

2．临床诊断要点

（1）分型　根据病毒感染鸡所表现临床症状的不同，可将新城疫病毒分为 5 种致病型。嗜内脏速发型以消化道出血性病变为主要特征，死亡率高。嗜神经速发型以呼吸道和神经症状为主要特征，死亡率高。中发型以呼吸道和神经症状为主要特征，死亡率低。缓发型以轻度或亚临床性呼吸道感染为主要特征。无症状肠道型以亚临床性肠道感染为主要特征。

（2）典型症状　发病急、死亡率高。病鸡体温升高，食欲下降，粪便稀薄，呈黄绿色或黄白色，精神极度沉郁，表现张口喘气和呼吸啰音症状。发病后期可出现各种神经症状，多表现为扭颈（彩图9）、“观星”姿势（彩图10）、翅膀麻痹等。免疫鸡群中发生新城疫，表现为亚临床症状或非典型症状。发病率10%～30%，病死率15%～45%。主要有呼吸道症状和神经系统障碍。有的腹泻，排黄绿色稀粪。采食和产蛋减少，产白壳蛋、畸形蛋等。这些症状病初较轻，随后日渐变重，也可经数周自行恢复。病初及时接种新城疫Ⅳ系苗，会导致个别鸡死亡，但多数鸡经4～7天可趋于康复。

3．剖检诊断要点

全身黏膜和浆膜出血，以呼吸道和消化道最为严重。肺部发炎、出血、水肿，喉头和气管黏膜充血、出血。脑膜下充血、出血。肾脏肿胀、发炎、出血，呈苍白色。腺胃外观肿胀，腺胃乳头点状出血，腺胃两端黏膜可见出血和溃疡。肌胃角质膜下可见出血条纹。十二指肠多见枣核状、紫红色溃疡灶。回肠、直肠近末端、卵黄遗迹后4～5厘米处，盲肠扁桃体等处肿胀、出血或溃疡，剪开小肠肠管，可见到枣核状突起，直肠和泄殖腔出血。心脏和心冠脂肪有出血。卵泡充血、出血、畸形、液化。脾脏有时见出血点或坏死灶。鸡胰腺广泛性点状出血。

4．防治要点

推行以生物安全措施为主，免疫预防和药物防治为辅的综合防治措施。

（1）合理做好预防接种　增强鸡群的特异免疫力，抵抗病毒感染。目前，我国最常用的疫苗有鸡新城疫Ⅰ、Ⅱ、Ⅳ系（LaSota）活疫苗和油乳剂灭活疫苗。

Ⅰ系苗是中等毒力的活苗，产生免疫力快（3～4天），免疫期长，可达1年以上，但对雏鸡有一定的致病性。常用于经过弱毒力的疫苗免疫过的鸡或2月龄以上的鸡，多采用肌内注射或刺种的方法接种；Ⅳ系（1aSota）苗属弱毒力苗，大小鸡均可使用，多采用滴鼻、点眼、饮水及气雾等方法接种；油乳剂灭活疫苗对鸡安全，可产生坚强而持久的免疫力，不会通过疫苗扩散病原，但是注射后需10～20天才能产生免疫力；鸡新城疫C_{30}、Ulster2C株二价疫苗具有免疫力好、安全性高，免疫后无残留，对有出口贸易的鸡场的雏鸡免疫极为有利；复合新城疫蜂胶灭活疫苗，接种后5～7天产生免疫力，免疫期6个月以上，为提高抗强毒新城疫病毒的能力，可在该苗免疫后6～8个月再加强免疫一次，以控制当前变异株新城疫的发生；鸡新城疫VG/GA株冻干活毒疫苗，首免可用于1日龄雏鸡。

各场疫苗使用没有统一标准，应根据实际情况制订出本场的免疫程序和免疫途径。采用气雾和饮水免疫均可。免疫程序为第1次在肉鸡7～10日龄用L（LaSota）系弱毒苗滴鼻或滴眼，第2次在25～30日龄再用上述一种弱毒苗滴鼻、滴眼或饮水免疫，第3次在60日龄用I系苗肌内注射一次，可保护到出售。

（2）建立免疫监测制度　根据（HI）试验抗体测定结果，确定首免和再次免疫时间。首免后10～14天，抽检免疫鸡HI抗体水平，抽样比例大鸡群0.2%，500羽鸡群3%～5%。以后每间隔3～4周抽检一次，使用I系疫苗的鸡群，每隔2个月抽检一次，以判定疫苗的免疫效果。

（3）控制非典型新城疫的办法　用有效的消毒方法杀灭新城疫病毒；发病后及时确诊；确诊后抓紧进行免疫防治；控制并发症的发生；制定合理的免疫程序，选择合适的疫苗接种；建立免疫监测制度。

（4）治疗　目前对本病尚无有效的治疗药物，可给60日龄以上的鸡群进行Ⅰ系苗加倍剂量的紧急接种；对雏鸡用Ⅳ（LaSota）系苗3~4倍剂量滴鼻，以保护鸡群中部分健康鸡只。

三、鸡传染性支气管炎

鸡传染性支气管炎是由冠状病毒科、冠状病毒属的传染性支气管炎病毒引起鸡的一种急性、高度接触性的呼吸道病和泌尿生殖道疾病。

1．流行特点

鸡传染性支气管炎病毒血清型众多，新的血清型和变异株不断出现，因毒株差异及对鸡组织细胞嗜性不同又分为呼吸型、腺胃型、肾脏型等毒株。鸡是本病的唯一自然宿主。本病主要通过与病鸡直接接触感染，一年四季均可发生，但以冬、春季为多，尤其冬季严重。过热、严寒、拥挤、通风不良，以及维生素、矿物质和其他营养供应不足，均会使鸡的易感性增强。一个新感染的鸡群几乎全部同时发病。主要传染来源是呼吸道排出的病毒，通过空气飞沫传播健康鸡和病鸡同舍饲养，往往在48小时内出现症状。各龄鸡都可感染，10~20日龄雏鸡是主要侵害对象。呼吸型多发于小鸡、中鸡，病势急而重，发病率及死亡率高。6周龄以下雏鸡的发病死亡率一般为20%~30%，而感染肾型毒株的死亡率可达40%~60%，高的可达90%。

2．临床诊断要点

（1）呼吸型传染性支气管炎　感染鸡流鼻涕、咳嗽、气管啰音，呈张口喘气姿势（彩图11）。病鸡精神沉郁，羽毛松乱，减食，怕冷挤堆。

（2）肾型传染性支气管炎　初期有轻微呼吸道症状，病鸡咳嗽、甩头、打喷嚏、叫声嘶哑、喘息、流鼻液等，有时呈一过性。表现精神沉郁，食欲降低，饮水增加，怕冷，羽毛松乱，爪干枯，翅下垂，机体消瘦，嗜睡，排水样白色稀粪（彩图 12），最后脱水而死。发病鸡死后呈两脚弯曲、紧靠腹部的特殊姿势。发病后 10～12 天死亡达高峰。

3．剖检诊断要点

病死鸡气管、支气管等充血、出血，内有浆液性和卡他性炎症，后期有黄白色、干酪样渗出物阻塞。发生肾型病变的：肾肿大、变淡，表面见白色石灰样物，切面见尿酸盐沉积呈花斑状（花斑肾），后期肾脏常发生萎缩。尿管内充满尿酸盐，直肠膨大部充满石灰样稀粪。重症病例可见心、肝、腹、气囊有尿酸盐附着，鸡胆囊肿大，内有沙泥样物。

4．防治要点

（1）综合措施　采取综合性防疫措施是防止本病发生的良策，要保持鸡舍、饲养管理用具、运动场地等清洁卫生，实施定期消毒，严格执行隔离病鸡等防疫措施。

（2）疫苗接种　疫苗使用是较为有效的防治措施，接种鸡传染性支气管炎弱毒疫苗有一定的成效。该苗分别由 2 个毒株制成，H_{120}疫苗用于初生雏鸡的首免，不同品种的鸡均可使用，在 3～5 日龄时就可滴鼻或加倍剂量饮水免疫；到 1～2 月龄时，用 H_{52}疫苗加强免疫。H_{52}疫苗专供 1 月龄以上鸡应用，初生雏鸡不能使用。免疫期：H_{120}苗为 2 个月，H_{52}苗为 6 个月。也可用进口鸡新城疫、传染性支气管炎（含肾型）二联疫苗滴鼻预防。同时还可对 3 日龄以上不同时期的鸡用鸡传染性支气管炎（含肾型）油佐剂灭活苗进行皮下和肌内注射。

（3）防止并发症　发生本病时应使用抗生素预防并发症。使用下列药物有比较好的效果。用金钱草20克、大青叶90克、枇杷100克、苏叶60克、车前草75克、甘草80克、麻黄75克，粉碎混合。每包用冷水煮沸煎汁半小时后，加入冷水20~30千克给鸡饮用，连用5~7天。

四、鸡传染性法氏囊病

鸡传染性法氏囊病（IBD），是由双RNA病毒科禽双RNA病毒属病毒引起的一种急性、高度接触性和免疫抑制性的禽类传染病。我国将其列为二类动物疫病。

1. 流行特点

本病主要感染鸡。自然条件下，3~6周龄鸡最易感。在易感鸡群中发病率在90%以上，甚至可达100%，死亡率一般20%~30%。与其他病原混合感染时或超强毒株流行时，死亡率可达60%~80%。本病流行有明显季节性，突然发病，发病率高，死亡曲线呈尖峰式；如不死亡，发病鸡多在1周左右康复。主要经消化道、眼结膜及呼吸道感染。

2. 临床诊断要点

本病的特征是雏鸡突然发病，羽毛逆立、无光泽，嘴插入羽毛中，常蹲在墙角下，严重时卧下不动，呈三足鼎立特征性姿势。随后病鸡排白色奶油状粪便，食欲减退，饮水增加，嗉囊中充满液体。部分鸡有自行啄肛现象。出现症状后1~3天死亡，群体病程一般不超过2周。鸡场初次暴发本病时症状典型，死亡率高，以后雏鸡发病症状减轻，甚至呈隐性经过。耐过的雏鸡常出现贫血、消瘦、生长迟缓，并对多种疫病易感。本病的感染率为100%，死亡率一般在10%~30%，但若混合感染或继发其他疫病，死亡率更高。

3．剖检诊断要点

法氏囊是本病毒侵害的靶器官，在感染早期，法氏囊由于充血、水肿而肿大；2～3 天后法氏囊的水肿和出血变化更为明显，其体积和重量增大到正常的 2 倍左右。浆膜覆盖有淡黄色、胶冻样渗出物，表面的纵行条纹显而易见，法氏囊本身由正常的乳白色变为奶油黄色，严重时出血（彩图 13），法氏囊呈紫葡萄状（彩图 14）。

肝脏肿大，呈土黄色，死后由于肋骨压迹而呈红黄相间的条纹状，周边有梗死灶。脾脏可能轻度肿大，表面有弥漫性的灰白色病灶。在腺胃与肌胃交界处有出血带。盲肠扁桃体肿大、出血。肾脏肿胀，输尿管中有白色的尿酸盐沉积，即出现“花斑肾”。严重者病鸡的腿部、腹部及胸部肌肉呈现出血条纹或出血斑（彩图 15）。感染鸡的胸腺可见出血点。

4．防治

（1）科学免疫　由于部分养殖户进行 IBD 疫苗接种后还经常发病，以至使部分养殖户对 IBD 免疫失去了信心，对 IBD 主动免疫持否定态度。试验证明，IBD 活疫苗在鸡群内密集接种之后，这些疫苗毒会经过鸡体再排泄到鸡舍环境中，由于 IBDV 对外界理化因素抵抗力较强，不易失活，几批鸡养下来，鸡舍内会存在相当数量的 IBD 疫苗毒株成为优势毒株，使得野外鸡传染性法氏囊病病毒（IBDV）强毒的数量相对降低，疫苗毒逐渐取代野外强毒，鸡群感染野外强毒的危险性降低，所以选择 IBD 活疫苗时既要考虑产生足够的免疫力，保护鸡群不发生 IBD，又要考虑 IBD 活疫苗毒株不伤害法氏囊组织，避免产生免疫抑制。

（2）正确使用疫苗，改进免疫方法　商品鸡免疫：一般在 14 日龄时用法氏囊弱毒苗饮水；28 日龄用法氏囊中毒苗饮水。推荐

2 种不同的免疫方法，即饮水免疫和滴口免疫。

（3）紧急治疗　当鸡群发生 IBD 时可以紧急注射精制 IBD 高免卵黄抗体，一般在注射后 24 小时即可控制疫情，但这是一种被动免疫过程，注入鸡体内的抗体 10～15 天即被代谢，如果饲养环境中 IBDV 强毒污染严重，鸡群会重复感染发病。发病鸡群需要注射 2 次甚至 3 次高免卵黄液才能康复。鸡群发生 IBD 时应使用高效、低毒的药物防止继发感染，如 10% 黄芪多糖，每包 100 克加水 200 千克饮用，连用 3～5 天。控制肾肿可采用 10% 五苓散，每 100 克加水 100 千克饮用，连用 3～5 天。

五、鸡马立克氏病

鸡马立克氏病是由马立克病毒引起鸡的一种淋巴组织增生性疾病。以病鸡的外周神经、性腺、虹膜、各种内脏器官、肌肉和皮肤发生单核细胞浸润，形成淋巴肿瘤为特征。

1. 流行特点

鸡最易感，年龄越小越易感，通常多现于 2～5 月龄的鸡群；母鸡比公鸡易感。不同品种的鸡对本病的抵抗力及感染后发病率有一定差异，一般认为肉鸡易感性大于蛋鸡，来航鸡大于本地鸡。一些应激因素、饲养管理不良、维生素 A 缺乏、鸡球虫的存在等均可增加发病。病鸡和带毒鸡是本病的传染源，鸡只不论直接或间接接触都能传播病毒。病毒可通过空气、病鸡的分泌物、排泄物传播，病鸡皮肤的羽囊上皮是含病毒最多的部位，身上脱落下来的羽毛屑含有很多病毒，一旦被健鸡吸入或吃入都会感染发病。此外，吸血昆虫也可能是本病的传播媒介。

2. 临床诊断要点

在临诊上可分为 4 种类型。

（1）神经型　以侵害坐骨神经常见，表现一侧轻，另一侧重。病禽步态不稳，病初不全麻痹，后期则完全麻痹，蹲伏或一腿前伸另一腿后伸（彩图 16）。臂神经受侵害则被侵侧翅膀下垂。当颈部神经受侵害时，病鸡发生头下垂或头颈歪斜。当迷走神经受侵害时，可引起失声、呼吸困难和嗉囊扩张。病鸡采食减少、饥饿、腹泻、脱水、消瘦，衰竭而死。

（2）皮肤型　病鸡翅膀、颈部、背部、尾上方和腿的皮肤上羽囊肿大，形成米粒至蚕豆大的结节及瘤状物（彩图 17）。最后淘汰或死亡。

（3）眼型　侵害眼球虹膜，虹膜色素褪色，由橘红变为灰白色，称为“灰眼病”；瞳孔边缘不整齐，瞳孔缩小，视力丧失。单眼失明的病程较长，最后衰竭而死。

（4）内脏型　急性暴发，大批鸡精神委顿，多数内脏器官和性腺发生肿瘤。蹲伏，不食，冠苍白，腹泻，消瘦，单侧或双侧肢体麻痹。很多鸡表现脱水、昏迷。触摸腹部有坚实的块状感。

3．剖检诊断要点

（1）神经型　病变神经（大腿坐骨神经、外周神经、背神经根）水肿、变粗，呈灰色或黄色，是本病的特征。

（2）内脏型　全身多器官有肿瘤。肝、脾、肾、心、肺、胰、肠系膜、腺胃、睾丸、卵巢、肾上腺等组织可以见到大小不等的灰白色肿瘤（淋巴肿瘤）病灶。法氏囊和胸腺严重萎缩，小肠黏膜有肿瘤性白斑。

（3）鉴别诊断　内脏型马立克氏病应与鸡淋巴白血病相区别，一般有下列情况之一者可诊断为马立克氏病：在不存在网状内皮组织增生症的情况下出现外周神经淋巴性增粗；16 周龄以下的鸡各内脏器官出现淋巴肿瘤；16 周龄以上的鸡出现各器官淋巴肿瘤，但法氏囊无肿瘤；虹膜变色和瞳孔不规则。马立克氏病的法氏囊变化通常是萎缩或弥漫性增厚，而鸡淋巴白血病则常有法氏囊肿瘤。

4. 防治

该病的综合防疫方案应以马立克氏病遗传性抵抗力的选育、生物安全措施、疫苗免疫、避免早期感染和加强饲养管理等为。

（1）免疫　各国相继研制了不同血清型的疫苗，如HVT（火鸡疱疹病毒疫苗）、HVT+CVI988二价苗、SB-1及CVI988系列。这些疫苗广泛使用一段时间，相继出现了一些新问题，如SB-1疫苗会诱发淋巴白血病等。目前世界范围内普遍使用CVI988/Rispens冷冻活疫苗，属于细胞结合苗。该疫苗对马立克病强毒、超强毒（VMDV）、特超强毒（VV+MDV）的功击均有较高的保护指数。该疫苗与野毒具有高度同源性，不受母源抗体干扰。HVT冻干苗目前用于胚胎免疫，效果确实，成本低廉。国外生产的HVT（FC126）+SB-1双价疫苗，免疫效果良好，我国曾进口使用。

（2）加强管理　在接种疫苗的最初2周内，应加强饲养管理，严格消毒，净化环境，防止超强毒力的马立克病病毒的侵入，影响免疫效果。病鸡无治疗价值，确诊后应尽早淘汰。

六、J-亚群白血病

20世纪80年代末从肉鸡中鉴定出J-亚群白血病，主要侵害骨髓细胞，导致以骨髓细胞和其他不同细胞类型恶性肿瘤为特征的传染病，是新的白血病病毒——J亚群鸡白血病病毒（ALV——J），有囊膜，为反转录病毒。

1. 流行特点

6~8周龄各品系肉用型鸡易感染本病。病鸡或病毒携带鸡为主要传染源，特别是病毒血症期的鸡。与经典的（鸡淋巴白血病）相似，ALV——J主要通过种蛋（存在于蛋清及胚体中）垂直传播，也可通过与感染鸡或污染的环境接触而水平传播。本病对肉鸡造血器官、生殖器官、免疫系统等脏器造成损害，且给肉鸡生长发育、繁殖和免疫功能造成严重危害。

2. 临床诊断要点

本病潜伏期长。病鸡精神沉郁，食欲丧失，鸡冠苍白，严重贫血，极度消瘦，腹泻，生长发育不良，免疫反应低下，产蛋率下降。趾骨部分皮肤和翅膀羽毛囊出血。

3. 剖检诊断要点

特征性病变是肝脏、脾脏肿大，表面有弥漫性的灰白色增生性结节。在肾脏、卵巢和睾丸也可见广泛的肿瘤组织。有时在胸骨、肋骨表面出现肿瘤结节，也可见于盆骨、髋关节、膝关节周围以及头骨和椎骨表面。在骨膜下可见白色石灰样增生的肿瘤组织。

4. 防治

（1）净化与淘汰　查到病鸡立即淘汰，通过不断净化达到纯洁种群，环境要定期彻底消毒等。目前尚无预防或治疗的特异性疫苗和药物。

（2）加强管理　建立健全有关规范和标准，规范防治工作；加强疫情普查和监测力度，制定防治规划；加强诊断和检测技术研究；采取有效措施，逐步净化肉用型鸡种鸡场。

七、鸡痘

鸡痘是由痘疹病毒引起鸡的一种急性、接触性传染病。

1. 流行特点

鸡痘一年四季均可发生，尤其是春、秋两季和蚊、蝇活跃的季节最易流行。鸡痘可以感染任何日龄的鸡群，尤其以育成鸡和产蛋鸡感染较为普遍，小日龄的鸡群感染发病的比例较低。

2. 临床诊断要点

鸡痘可以分为皮肤型、黏膜型和混合型3种病型，偶有败血症型。

(1) 皮肤型　皮肤型鸡痘的特征是在身体无毛或毛稀少的部位，特别是在鸡冠、肉髯、眼睑和喙角，亦可出现于泄殖腔的周围、翼下、腹部及腿等处，产生一种灰白色的小结节，渐次成为带红色的小丘疹，很快增大如绿豆大痘疹，呈黄色或灰黄色，凹凸不平，呈干硬结节；有时和邻近的痘疹互相融合，形成干燥、粗糙呈棕褐色的大的疣状结节，突出于皮肤表面（彩图18）。痂皮可以存留3～4周之久，以后逐渐脱落，留下平滑的灰白色疤痕。轻的病鸡也可能没有疤痕。皮肤型鸡痘一般轻微，没有全身性的症状。但严重病鸡，尤其幼雏表现精神萎靡、食欲消失、体重减轻等症状，甚至死亡。

(2) 黏膜型（白喉型）　病变主要在口腔、咽喉和眼等黏膜表面。初为鼻炎症状，2～3天后先在黏膜上生成一种黄白色的小结节，稍突出于黏膜表面，以后小结节逐渐增大并互相融合在一起，形成一层黄白色、干酪样的伪膜，覆盖在黏膜上面。这层伪膜是由坏死的黏膜组织和炎性渗出物凝固而形成，很像人的“白喉”，故称白喉型鸡痘或鸡白喉。如果用镊子撕去伪膜，则露出红色的溃疡面。随着病情的发展，伪膜逐渐扩大和增厚，阻塞于口腔和咽喉部位，使病鸡、尤其幼雏呼吸和吞咽障碍，严重时嘴无法闭合，病鸡往往张口呼吸，发出“嘎嘎”的声音，由于采食困难，体重迅速减轻，精神萎靡，最后窒息死亡。此型鸡痘多发生于小鸡和中鸡，死亡率高，小鸡死亡率可达50%。有些严重病鸡，鼻和眼部也受到侵害，产生所谓眼鼻型的鸡痘。先是眼结膜发炎，眼和鼻孔中流出水样分泌物，以后变成淡黄色浓稠的脓液。时间稍长者，由于眶下窦有炎性渗出物蓄积，因而病鸡的眼部肿胀，结膜充满脓性或纤维素性渗出物，可以挤出一种干酪样的凝固物质，甚至引起角膜炎而失明。

（3）混合型　本型是指皮肤和口腔黏膜同时发生病变，病情严重，死亡率高。

（4）败血病型　在发病鸡群中，个别鸡无明显的痘疹，只是表现为下痢、消瘦、精神沉郁，逐渐衰竭而死，病禽有时也表现为急性死亡。

3. 剖检诊断要点

（1）皮肤型鸡痘　特征性病变是局灶性表皮和其下层的毛囊上皮增生，形成结节。结节起初表现湿润，后变为干燥，外观呈圆形或不规则形，皮肤变得粗糙，呈灰色或暗棕色。结节干燥前切开切面出血、湿润，结节结痂后易脱落，出现瘢痕。

（2）白喉型鸡痘　其病变出现在口腔、鼻、咽、喉、眼或气管黏膜上。黏膜表面有稍微隆起的白色结节，以后迅速增大，并常融合而成黄色、奶酪样坏死的伪白喉或白喉样膜，将其剥去可见出血糜烂，炎症蔓延可引起眶下窦肿胀和食管发炎。

（3）败血型鸡痘　其剖检变化表现为内脏器官萎缩，肠黏膜脱落，若继发引起网状内皮细胞增殖症病毒感染，则可见腺胃肿大，肌胃角质膜糜烂、增厚。

4. 防治

（1）综合措施　积极改善鸡群饲养环境，消灭和减少蚊蝇等吸血昆虫的危害；经常消除鸡舍周围的杂草，填平臭水沟和污水池，并经常喷洒杀蚊剂，消灭蚊蝇等吸血昆虫，减少吸血昆虫传播鸡痘。

（2）实施免疫接种　防范鸡群发生鸡痘疫情最有效的方法是对鸡群进行免疫接种。

①疫苗种类。鸡痘疫苗主要有3种：a. 鸡痘鹌鹑化疫苗。该疫苗毒力较强，适合于20日龄以上的鸡群接种，对小日龄鸡群接种后往往出现严重的疫苗反应。b. 鸡痘弱毒苗。该疫苗毒力较弱，适合于小日龄鸡群免疫。c. 喉痘灵（鸡痘－传喉二联基因工程苗）。该苗对鸡群免疫后无任何反应，适合于20日龄以上的鸡群首免。

②接种方法。接种鸡痘疫苗，其接种方法有2种：a. 刺种法。即用一定量的生理盐水稀释疫苗，用消毒过的铅笔尖或带凹槽的特制针蘸取疫苗，在鸡翅内侧无毛处或“三角区”翼膜刺种，刺种后4～6天，抽查鸡的接种部位是否有痘肿、水疱和结痂，如80%以上的鸡有反应，即表明接种成功；如接种部位不发生反应或鸡群反应率低，须考虑重新接种。b. 毛囊接种法。此法适合于40日龄以内的鸡群免疫，即用消毒过的毛笔或小毛刷蘸取事先稀释好的疫苗，涂擦在鸡的颈背部或腿部外侧拔去羽毛后的毛囊上，接种4～6天，拔毛接种部位的皮肤红肿、增厚、结痂，表示接种成功；若不发生反应，则应考虑重新接种。

（3）治疗　治疗鸡痘应以对症治疗并防止继发感染为主。

①对症治疗。对发生鸡痘破溃的部位可用1%碘甘油（即碘化钾10克、碘5克、甘油20毫升，混匀，加蒸馏水至100毫升）或用紫药水涂抹；对早期眼型鸡痘可用庆大霉素眼药水点眼；对黏膜型鸡痘可用0.1%甲紫溶液饮水，连用3～5天，以缓解患鸡

症状，并防止继发感染。也可用消毒过的钳子或剪刀把痂皮剥去，涂上碘甘油或紫药水，每天1～2次，连涂3～5天。病鸡的痂皮不得乱丢，应集中统一销毁。

②干扰治疗。可用鸡做紧急干扰剂治疗，取Ⅰ系苗1克，用生理盐水稀释10～15倍，每只病鸡肌内注射0.3～0.5毫升，治愈率可达90%。

八、鸡病毒性关节炎

鸡病毒性关节炎是一种由呼肠孤病毒引起的鸡的重要传染病。

1. 流行特点

本病仅见于鸡，主要发生于肉鸡和肉蛋兼用鸡。各日龄的鸡均可发生本病，但临床上多见于4～16周龄的鸡，尤其是4～6周龄期间。本病一年四季均可发生，以冬季为多发，一般呈散发或地方性流行。

2. 临床诊断要点

临床特征为趾曲肌腱和跖伸肌腱肿胀，在跗关节上部进行触诊或拔去羽毛观察均能发现。跗关节或肘关节腔中常有少量草黄色或带血色的渗出液。病鸡跛行，步样蹒跚、瘫痪。转为慢性时，腱鞘硬化和粘连，关节不能活动（彩图19、彩图20）。

3. 剖检诊断要点

在跗关节、趾关节、跖屈肌腱及趾伸肌腱常可见到明显的病变。在病的急性期，可见关节囊及腱鞘水肿、充血或点状出血，关节腔内含有少量淡黄色或带血色的渗出物。慢性病例的关节腔内渗出物较少，关节硬固，不能将跗关节伸直到正常状态，关节软骨糜烂，滑膜出血，肌腱断裂、出血、坏死，腱和腱鞘粘连等。有时还可见到心外膜、肝、脾和心肌上有细小的坏死灶。鸡病毒性关节炎的初期诊断较为困难，关节肿胀与沙门氏菌病、大肠杆菌病和葡萄球菌病等引起的症状不易区分，同时也极易与这些病菌混合感染。

4. 防治

对该病目前尚无有效的治疗方法，所以预防是控制本病的唯一方法。目前已有许多种疫苗，包括活疫苗和灭活疫苗。接种弱毒活疫苗可以有效地产生主动免疫，一般采用皮下接种。无母源抗体的雏鸡，可在6~8日龄用活苗首免，8周龄时再用活苗加强免疫。在使用活疫苗时要注意疫苗毒株对不同年龄的雏鸡的毒性有别。

九、鸡传染性脑脊髓炎

鸡传染性脑脊髓炎（AE），俗称流行性震颤，是一种主要侵害雏鸡的病毒性传染病，以共济失调和头颈震颤为主要特征。

1. 流行特点

本病一年四季均可发生，冬、春季节稍多。鸡对本病最易感。各个日龄均可感染，但一般雏鸡才有明显症状。此病具有较强的传染性，病毒通过肠道感染后，经粪便排毒，病毒在粪便中能存活相当长的时间。因此，污染的饲料、饮水、垫草和育雏设备都可能成为病毒传播的来源。在传播方式上本病以垂直传播为主，也能通过接触进行水平传播。发病率及死亡率依鸡群的易感鸡多少、病原的毒力高低、发病的日龄大小而有所不同。雏鸡发病率一般为40%~60%，死亡率10%~25%甚至更高。

2. 临床诊断要点

病雏最初表现迟钝，继而出现共济失调，表现为不愿走动而蹲坐在自身的跗关节上。驱赶时可勉强以跗关节着地走路，走动时摇摆不定，向前猛冲后倒下；或出现一侧或双侧腿麻痹，一侧腿麻痹时，走路跛行，双侧腿麻痹则完全不能站立，双腿呈一前一后的劈叉姿势或双腿倒向一侧。肌肉震颤大多在出现共济失调之后才发生，在腿、翼，尤其是头颈部可见明显的阵发性震颤，频率较高，在病鸡受惊扰，如给水、加料、倒提时更为明显。部分存活鸡可见一侧或两侧眼的晶状体混浊或浅蓝色褪色，眼球增大及失明。

3. 剖检诊断要点

病鸡唯一可见的肉眼变化是腺胃肌层有细小的灰白区，个别雏鸡可发现小脑水肿。根据疾病仅发生于3周龄以下的雏鸡，无明显肉眼变化，偶见小脑水肿，以瘫痪和头颈震颤为主要症状，药物防治无效，即可作出初步诊断。

4. 防治

（1）加强管理　本病尚无有效的治疗方法。一般应将发病鸡群扑杀并做无害化处理。如有特殊需要，也可将病鸡隔离，给予舒适的环境，提供充足的饮水和饲料，饲料和饮水中添加维生素E和维生素B_1，避免尚能走动的鸡践踏病鸡等，可减少发病与死亡。

（2）免疫预防　用野毒或鸡胚适应毒接种SPF鸡胚，取其病料灭活制成油乳剂疫苗。这种疫苗安全性好，接种后不排毒、不带毒，特别适用于无脑脊髓炎病史的鸡。

十、鸡传染性贫血

鸡传染性贫血病是一个以再生障碍性贫血和全身淋巴器官萎缩，造成免疫抑制为主要特征的病毒性传染病，又称出血综合征、蓝翅病等。病原是鸡贫血病毒，属于圆环病毒科、圆环病毒属。

1. 流行特点

各种年龄的鸡均可感染。几乎所有的鸡群都会受到感染，但多呈隐性感染。鸡传染性贫血主要经种蛋垂直传播，2~3周龄幼雏和中雏易感染发病。其发病率取决于鸡的日龄和病毒毒株的毒力。自然感染的发病率为20%~30%，死亡率5%~10%。鸡传染性法氏囊病（IBDV）、鸡马立克氏病（MDV）和网状内皮增生症（REV）均能增加鸡传染性贫血病感染所造成的损失。

2. 临床诊断要点

鸡传染性贫血病的特征性症状是严重的免疫抑制和贫血。病鸡精神不振，苍白，软弱无力。腹部、翅膀、翅膀羽毛囊等全身性皮肤出血或头颈皮下出血、水肿，血稀如水，血凝时间长，颜色变浅。

3. 剖检诊断要点

鸡传染性贫血病特征性的病变是骨髓萎缩，呈脂肪色、淡黄色或淡红色。常见有胸腺萎缩，甚至完全退化，呈深红褐色。法氏囊萎缩，体积缩小，外观呈半透明状。肝、脾、肾肿大，褪色。心脏变圆，心肌、真皮和皮下出血。骨骼和腺胃固有层黏膜出血，严重的出现肌胃黏膜糜烂和溃疡。

4. 防治

（1）预防措施　建立生物安全体系，加强种鸡管理，防止感染传染性贫血病。建立无传染性贫血病污染的种鸡群，同时做好马立克氏病、法氏囊病等免疫抑制病的免疫接种。

（2）治疗　本病无特异性治疗方法，通常采用抗生素控制继发性的细菌感染，但没有明显的治疗效果。发病后应立即及时隔离淘汰病死鸡，同时可在饲料或饮水中加入新霉素、维生素 K_3、黄芪多糖等。如疫康灵（10% 黄芪多糖、板蓝根、淫羊藿等）1∶1 000水稀释饮用，连用5～7 天，可提高机体的免疫力。10%硫酸新霉素1∶1 000稀释饮用，连用5～7 天，可控制鸡群的细菌感染。

十一、鸡包涵体肝炎

鸡包涵体肝炎是由禽腺病毒引起鸡的一种急性传染病，以病鸡死亡突然增多，严重贫血，黄疸，肝脏重大出血和坏死灶为特征，可见肝细胞核内有包涵体。该病又称贫血综合征。

1. 流行特点

本病肉鸡多发，多见于3～15 周龄的鸡，其中以3～9 周龄鸡最常见。本病可通过鸡蛋传递病毒，也可从粪便排出，因接触病鸡和污染的鸡舍而传播，感染后如果继发大肠杆菌病或梭菌病，则死亡率会增高。本病的发生往往与其他诱发条件如传染性法氏囊病有关。以春、夏两季发生较多。病愈鸡能获得终身免疫。

2. 临床诊断要点

经自然感染的鸡潜伏期1～2 天，初期不见任何症状死亡，2～3 天后少数病鸡精神沉郁，嗜睡，肉髯褪色，皮肤呈黄色，皮下有出血，偶尔有水样稀粪，3～5 天达死亡高峰，死亡率达10%，持续3～5 天后逐渐停止。

3. 剖检诊断要点

主要表现为肝脏肿大，呈土黄色、质脆，表面有不同程度的出血斑点，有时可见大小不等的坏死灶。一些病例可见到骨髓病变，股骨骨髓出血、呈桃红色，同时，胸肌和腿肌苍白并有出血斑点，皮下组织、脂肪组织和肠浆膜、黏膜可见明显出血。此外，还常见法氏囊萎缩，胸腺水肿，脾和肾脏肿大、出血。

4. 防治

(1) 综合措施 本病目前尚无有效疫苗和特殊的药物，防治须采取综合措施。因该病经蛋传播，引种时谨防引进病鸡或带毒鸡。此外，本病也水平传播，故对病鸡应淘汰，经常用次氯酸钠进行环境消毒。

(2) 加强管理 增强鸡体抗病能力，病鸡饲料中添加维生素，也可同时在饲料中添加相应药物，以防继发其他细菌性感染。传染性法氏囊病病毒和传染性贫血病毒可以增加本病毒的致病性，因此应加强这2种病的免疫，或从环境中消除这些病毒。

十二、鸡白痢

鸡白痢由鸡白痢沙门氏菌引起，主要侵害2~3周龄雏鸡，以排白色糊状粪便为特征。雏鸡的发病率和死亡率高。近年来，在一些应激因素的影响下，50~80日龄的中雏发病的也较多。

1. 流行特点

本病呈散发或呈地方流行性。幼龄鸡易感性高。患病鸡和带菌鸡是主要的传染源。本病不仅可以通过污染空气、饲料、饮水、孵化器、育雏器等经呼吸道、消化道或眼结膜而感染，还可通过污染的种蛋传播。本病在雏鸡群中传播，耐过鸡生长发育不良，转为慢性或可长期带菌鸡，因此在鸡群中很难净化。

2. 临床诊断要点

雏鸡多于出壳后4~5天开始发病，7~10日龄发病率和死亡率逐渐升高，2~3周龄达到高峰。最急性者，无明显症状突然死亡。病程稍长者表现精神委顿，绒毛松乱，翅膀下垂，集堆，不愿走动，缩颈闭眼。腹泻，排灰白色糨糊状粪便，肛门周围羽毛被粪便污染，病鸡糊肛，排便困难，常发出尖叫声。最后，因呼吸困难、心力衰竭死亡。有些病鸡出现眼盲，或肢关节肿胀，跛行。病程一般4～7天，短的1天，病死率40%～70%。中雏与幼雏症状相似，但腹泻明显，粪色不一，鸡冠苍白。病程较长，病死率10%～20%。

3. 剖检诊断要点

急性死亡的雏鸡一般无明显病变，仅见内脏器官充血。病程稍长者，在肝、心肌、脾、肺、肾、肌胃等器官形成黄白色坏死灶或大小不等的灰白色结节。肝、脾肿大，胆囊充盈。输尿管扩张，充满白色尿酸盐。盲肠有白色干酪样物质，阻塞肠腔，即“盲肠芯”。中雏除上述病变外，还常见心包炎，肝脏有灰黄色结节或灰色肝变区，心肌表面结节增大而使心脏变形，肠道多呈卡他性炎症。

4. 防治

预防本病的原则是杜绝病原传入，清除鸡群内带菌鸡与慢性感染鸡，严格执行卫生防疫制度，建立健康的种鸡群。

（1）挑选健康种鸡、种蛋，建立健康鸡群 尽量做到自繁自养，实行全进全出制度。引进种鸡、种蛋时，一定要确认来自健康鸡群。种鸡需隔离观察，经检疫确认健康后方可混群。种蛋在孵化前要用福尔马林熏蒸消毒。种鸡群每年要进行多次检疫，检出的阳性鸡立即淘汰。

（2）加强饲养管理 雏鸡入舍前，彻底消毒鸡舍、设备、用具及环境。在育雏阶段要注意保持室内清洁，温度、湿度要恒定。定期带鸡消毒。要注意通风换气，鸡群饲养密度要适当，供给全价饲料。做好杀虫、灭鼠工作，防止外来人员和其他动物随意出入鸡舍。

（3）药物预防　药物预防是控制本病的有效方法。出壳后1~2天的雏鸡，可用0.01%高锰酸钾溶液饮水。10~20日龄的雏鸡可在饲料和饮水中加入微生态制剂，如促菌生、乳酸杆菌等。为防止长期应用单一的药物预防引起耐药菌株的出现，应将各类药物交替使用。

（4）治疗　发病后，可在饲料中添加盐酸土霉素、氟哌酸、复方敌菌净、硫酸卡那霉素及磺胺类药物等治疗，但康复后仍带菌。用大蒜酊饮水也有一定的疗效。

十三、禽大肠杆菌病

禽大肠杆菌病是由致病性大肠杆菌引起的一种细菌性传染病。因禽大肠杆菌血清型较多，临床症状表现复杂多样，大肠杆菌病易继发或并发其他疾病，是目前养禽业最为棘手的传染病之一。

1．流行特点

本病各种家禽均易感，以鸡、鸭、鹅多见。各年龄的禽都可发病，以3~6周龄雏鸡易感性最强。传染途径有3种：一是接触传染，该菌经消化道、呼吸道、肛门和伤口等侵入体内，也经污染的饲料、饮水、垫料等传染；二是种鸡带菌，将该菌垂直传给下一代雏鸡，三是蛋壳被含本菌的粪便污染，在种蛋保存期或孵化期内经蛋孔侵入蛋内。本病可单独发生，也常与支原体病、新城疫、传染性法氏囊病、传染性支气管炎、传染性喉气管炎等混合感染或继发感染。各种恶劣的环境条件和应激因素均会促使全病的发生和流行。

2．临床诊断要点

由于该菌侵害的部位不同，可引起不同类型的症状。

（1）急性败血症　鸡突然死亡，或症状不明显；多见于雏鸡或6～10周龄肉鸡。病原菌入血，引起病鸡全身器官出血，表现呆立扎堆，减食，羽毛松乱，腹泻，排白色或黄绿色稀粪，呼吸困难，衰竭而死。此型是本病危害较大的代表病型。病程5～10天，死亡率5%～50%。

（2）禽眼球炎　病鸡一侧眼多发，表现眼皮肿胀，流泪，难睁眼，眼灰白色，角膜混浊。精神沉郁，饮食困难，衰竭而死。

（3）雏禽脐炎　俗称大肚脐，由带菌的种蛋垂直传染引起。病禽表现脐部红肿或破溃，脐部闭合不全，腹部膨大下垂，排绿色或灰白色稀粪，闭目呆立，翅下垂，羽毛松乱。病程1～2周，死亡率20%。

（4）肉芽肿　在心脏、小肠、盲肠、肝、脾、肠系膜等出现结节状、灰白色至黄白色肉芽肿，或发展为大块组织坏死。病禽消瘦、衰弱而死。

（5）禽心包炎、肝周炎、肺炎和气囊炎　5周龄以后的肉仔鸡多发，只要发生气囊炎，会很快继发心包炎、肝周炎、肺炎和气囊炎等，剖检可见病鸡腹腔内有白色干酪样渗出物（彩图21）。

（6）禽关节炎或足垫肿　幼、中雏感染多，关节肿大，跛行，关节周围呈竹节状肿胀，或足底肿胀，为本病败血症的后遗症，多散发。

（7）脑炎　病原菌侵入脑部，多见于2月龄内的鸡。病禽表现下痢、蹲伏、垂头、闭目、昏睡及歪头、扭脖、倒地、抽搐等神经症状。脑部出血、化脓、发炎，并有炎性渗出物。

（8）肠炎　可引发出血性肠炎，病禽肛门下方羽毛潮湿、污秽、粘连，肠黏膜发炎和出血。

3. 防治

(1) 综合预防措施　本病首先在平时要加强对禽群的饲养管理，逐步改善禽舍的通风条件，认真落实禽场兽医卫生防疫措施。另外，应搞好常见多发疾病的预防工作。所有这些对预防本病的发生均有重要意义。

(2) 免疫接种　目前国内有大肠杆菌甲醛灭活苗和大肠杆菌灭活油乳剂苗等。

(3) 药物治疗　禽群发病后可用药物疗治。但近年来在防治本病过程中发现，大肠杆菌对药物极易产生抗药性，如青霉素、链霉素、土霉素、四环素等抗生素几乎已没有治疗作用。氟苯尼考、庆大霉素、氟哌酸、新霉素有较好的治疗效果，但对这些药物产生抗药性的菌株已经出现且有增多趋势。因此防治本病时，有条件的地方应进行药敏试验，选择敏感药物，或选用本场过去少用的药物全群给药，可收到满意效果。早期投药可控制早期感染，促使病禽痊愈。同时可防止新发病例的出现。已出现多种病理变化的病禽治疗效果极差。为防止细菌产生抗药性，需交替轮换使用药物。临床上最常用的并有可靠药效的药物有以下几种。

①10%氟苯尼考，每100克加水200千克饮用，连用5～7天。

②10%乳酸环丙沙星，每100克加水200千克饮用，连用5～7天。

③10%氧氟沙星，每100克加水200千克饮用，连用5～7天。

④10%安普霉素，每100克加水200千克饮用，连用5～7天。

⑤10%盐酸洛美沙星，每100克加水200千克饮用，连用

5～7天。

十四、鸡绿脓杆菌病

鸡绿脓杆菌病是由绿脓杆菌引起鸡的传染性疾病。

1. 流行特点

本病一年四季均可发生，但以春季多发。雏鸡对绿脓杆菌的易感性最高，随着日龄的增加，易感性越来越低。本病感染途径是种蛋污染、创伤和应激因素及机体内源性感染。常发于1～5日龄的初生雏鸡，大多因马立克氏病疫苗接种时疫苗、注射器污染引起。2～3日龄出现死亡高峰，死亡率50%～70%，甚至全群覆没。

2. 临床诊断要点

病雏鸡精神沉郁，食欲降低或废绝，体温升高，腹部膨胀，两翅下垂，羽毛逆立，排黄白色或白色水样粪便。有的病例几乎看不到临床症状而突然死亡，死亡率可达50%～70%。也有的雏鸡表现神经症状，奔跑、动作不协调，站立不稳，头颈后仰，最后倒地而死。若孵化器被绿脓杆菌污染，在孵化过程中会出现爆破蛋，同时出现孵化率降低，死胚增多。

3. 剖检诊断要点

肝脏表面有大小不一的出血斑点和坏死点。卵黄吸收不良，呈黄绿色，内容物呈豆腐渣样。严重者卵黄破裂，形成卵黄性腹膜炎。肺脏发炎、出血。头、颈部皮下有大量黄色、胶冻样渗出物，有的可蔓延到胸部、腹部和两腿内侧的皮下，颅骨骨膜充血和出血，头颈部肌内和胸肌不规则出血，后期有黄色纤维素样渗出物。心脏出血，脾脏肿大、出血。死胚表现为颈后部皮下肌肉出血，尿囊液呈灰绿色，腹腔中残留较大的尚未吸收的卵黄囊。

4. 防治

（1）消毒　对雏鸡注射马立克氏病疫苗时，注意注射针头的消毒卫生，避免通过此途径将病原菌带入鸡体内。

（2）药物治疗　一旦暴发本病，在临床上常选用的药物如下。

①10%氟苯尼考，每100克加料100千克饲喂，连用5～7天。

②10%硫酸安普霉素，每100克加料100千克饲喂，连用5～7天。

③10%盐酸洛美沙星，每100克加料100千克饲喂，连用5～7天。

④10%硫酸黏菌素，每100克加料100千克饲喂，连用5～7天。

十五、鸡毒支原体病

鸡毒支原体病又名慢性呼吸道病，是由鸡毒支原体（MG）感染鸡引起的慢性呼吸道病，临床表现以咳嗽、流鼻涕、呼吸啰音、喘气、窦部肿胀为特征的慢性呼吸道病。虽然死亡率低，但患鸡生长缓慢、产蛋下降，饲料报酬低，给养鸡业造成严重经济损失。

1. 流行特点

鸡、幼鸽和火鸡是本病的主要宿主，各日龄的鸡均可感染，以1～2月龄禽易感性最高，发病率90%。一年四季均可发生，气候多变和寒冷季节多发。在大群饲养的幼鸡群中最易流行。病鸡和隐性感染鸡是传染源。易感禽可经被污染的尘埃、飞沫、饲料、饮水等经呼吸道和消化道感染，也可经卵垂直传播发病。该病原可在气囊上形成干酪样物质，口服药物难以到达该处，条件适宜时可引发本病。其他常见的病毒病和细菌病可促进支原体感染，如大肠杆菌病、禽流感、新城疫、传染性支气管炎等。

2. 临床诊断要点

鸡发病初期会出现浆液性或黏液性鼻漏，然后出现鼻窦炎、结膜炎、气囊炎及呼吸困难、咳嗽，并可清晰地听到呼吸啰音，夜深和清晨更为明显，病鸡常伸颈甩头，做吞咽动作。同时，表现食欲不振，生长停滞，消瘦，饲料报酬下降，眼部肿胀，甚至造成一侧眼睛失明。

3. 剖检诊断要点

鼻腔、气管、支气管中有大量黏稠的分泌物。气管黏膜增厚、变红。鼻腔、眶下窦内蓄积大量黏液和干酪样物。结膜炎的病例可见结膜红肿，眼球萎缩或破坏，结膜中能挤出灰黄色、干酪样物质。早期气囊轻度混浊水肿、不透明，随着病程的延长气囊增厚，胸腹气囊炎，囊腔内有大量白色泡沫样分泌物，或可见结节性病灶，囊腔内有干酪样、黄白色、脓性渗出物，气囊粘连。有时也能见到肺炎和心包炎、肝周炎病变。引发关节炎时，趾底部和胫、跖关节肿胀，关节液增多，初期清亮、后变混浊，最后呈奶油状黏稠。

4. 防治要点

（1）切断传播途径　鸡一旦感染本病很难根治，且还会诱发其他疾病的发生。因此，对本病应重点放在预防上，必须切断传播途径。鸡舍周围每月进行一次环境消毒。同时加强饲养管理，做好防寒防暑工作，注意通风换气，冬、春季节做到保温保暖，夏天做到防暑降温。

（2）搞好接种免疫　1 周龄接种鸡支原体冻干苗，10 周龄重新接种 1 次。灭活苗 7 ~ 15 日龄雏鸡颈部皮下注射 0.2 毫升。同时，搞好鸡传染性法氏囊病、鸡传染性支气管炎、鸡传染性喉气管炎和传染性鼻炎的免疫接种，防止支原体等病原体侵入。

（3）药物治疗　鸡毒支原体对多种药物均敏感，但鸡败血支原体可感染气囊形成干酪样物，药物难以到达该部位，使病原体可长期在体内存活，且容易复发，所以一旦发病要坚持长期用药、轮换用药或联合用药。这里必须要注意的是，支原体很容易产生抗药性，长期使用单一药物，往往效果甚微或完全无效。因此，使用时用药量一定要足，疗程不宜太短，一般需连续用药 3 ~7 天。同一鸡群不要长期使用一种药物，宜几种药物轮换用药或联合使用。病鸡迁出后的栏舍及所有用具，经彻底清洗消毒，7 ~10 天后才能重新使用，必要时隔 2 周以上再使用。常选用药物有以下几种。

①脱氧土霉素，又名强力霉素或多西环素，混饲，每千克饲料 1 ~2 克，连喂 1 周，预防量减半。

②复方泰乐菌素，混饮，每升水 1 ~2 克，连用 3 ~5 天；北里霉素，混饮，每升水 0.5 克，连用 3 ~5 天。

③替米考星，每 100 克对水 200 千克饮用，连用 5 ~7 天。

④喹诺酮类药，对支原体、大肠杆菌、沙门氏菌等均有很好疗效，如甲磺酸培氟沙星，每 100 克对水 200 千克饮用，连用5 ~7 天。罗红霉素用于支原体感染疗效较高，且不良反应很低。与甲氧苄氨嘧啶合用有协同之效。

十六、鸡传染性滑膜炎

鸡传染性滑膜炎又称传染性滑液囊炎，是由滑液支原体感染鸡和火鸡引起的一种传染病，以渗出性关节滑膜炎、腱鞘滑膜炎和黏液囊炎为特征。

1. 流行特点

自然感染鸡、火鸡和珍珠鸡，鸭、鸽等也可感染。发病率5%～15%，死亡率1%～10%。慢性感染可持续终生，平均感染率50%。通过污染空气中飞沫或尘埃，经呼吸道感染；也可经卵垂直传播，感染的雏鸡可在幼鸡群中传播本病。水平传播与鸡的密度有关，人为因素在传播中也很重要。滑液支原体造成鸡的生长发育不良，使得肉鸡胴体品质下降，种鸡的产蛋率、受精率和孵化率均下降，形成重大经济损失。

2. 临床诊断要点

潜伏期5～10天。病鸡食欲、饮欲良好，但精神不振，生长停滞，消瘦，脱水，鸡冠苍白，严重时呈紫红色；常腹泻，粪便中含有大量白色尿酸盐并带青绿色。病菌主要侵害跗关节和爪垫，严重时引起渗出性滑膜炎、滑液囊炎和腱鞘炎。成鸡发病时，无明显症状，生长缓慢，贫血，消瘦，排黄色稀粪。关节轻微肿胀，体重减轻，产蛋减少20%～30%。经呼吸道感染的鸡，4～6周后可表现轻度啰音或咳嗽、喷嚏、流鼻涕等。

3. 剖检诊断要点

受侵害关节常见腱鞘炎、滑膜炎和骨关节炎。受害关节腔、滑液囊、肌腱鞘（龙骨也有）内有灰白色渗出物或干酪样物质，有时关节腔内干燥无滑液，跗关节、足掌肿胀，足趾下有时溃破、结痂。胸部常见滑液囊龙骨部发炎、出血、肿胀和有炎性渗出物。

4. 防治

对鸡滑液囊支原体的防治措施可参照鸡毒支原体。

十七、禽曲霉菌病

曲霉菌病是曲霉菌属真菌引起多种禽类的真菌病，主要侵害呼吸器官。本病的特征是形成肉芽肿结节，在禽类以肺及气囊发生炎症和小结节为主，故又称曲霉菌性肺炎。该病发病率高，可造成禽的大批死亡。

1．流行特点

曲霉菌病以幼禽易感性最高，特别是20日龄以内的雏禽，呈急性暴发和群发性发生，而成年家禽常常散发。污染的垫料、空气和发霉的饲料是引起本病流行的主要传染源，其中可含有大量烟曲霉菌孢子。出壳后的幼雏在进入被曲霉菌严重污染的育雏室或装雏器内而感染。48小时后即可开始发病和死亡。病菌主要通过呼吸道和消化道传染。育雏阶段饲养管理、卫生条件不良是引起本病暴发的主要诱因。同样，孵化环境阴暗、潮湿、发霉，甚至孵化器发霉等，都可能使种蛋受污染，引起胚胎感染，出现死胚或幼雏过早感染发病。

2．临床诊断要点

病禽呼吸困难、喘气、张口呼吸，有些雏禽可发生曲霉菌性眼炎，流泪，结膜潮红。病禽精神委顿，常缩头闭眼，流鼻液，食欲减退，饮欲增加，消瘦，体温升高，后期表现腹泻。禽群发病后如不及时采取措施，死亡率50%以上。

3．剖检诊断要点

肺的病变最为常见，肺充血，切面流出灰红色泡沫液，肺中散布灰白色或黄白色霉菌斑和结节，有时可以相互融合成大的团块，最大直径3~4毫米，结节呈灰白或淡黄色，柔软、有弹性，内容物呈干酪样。在肺的组织切片中，可见分节清晰的霉菌菌丝、孢子囊及孢子。胸腹膜、气囊中散布灰白色或黄白色霉菌斑和结节。心脏有灰白色霉菌结节。肝脏有黄白色霉菌结节。

4．防治要点

（1）预防　不使用发霉的垫料和饲料是预防本病的关键。保持育雏室清洁、干燥。防止使用发霉垫料，要经常翻晒和更换垫料，特别是阴雨季节，应勤翻晒以防止霉菌生长，保持室内环境及物品的干燥、清洁。经常清洗饲槽和饮水器具，保持孵化室的卫生，防止雏鸡感染霉菌。一批雏鸡育成后，将育雏室清扫干净，用甲醛液熏蒸或用0.3%过氧乙酸消毒后，再进雏。

（2）治疗　本病目前尚无特效的治疗方法。用制霉菌素防治本病有一定效果，剂量为每100只雏鸡一次用50万单位，每天2次，连用2天。饮水中添加硫酸铜（1：2 000倍稀释），连喂3～5天，也有一定效果。为控制并发症可同时用呼必康或呼喘平，每100克可对水200千克饮服，连用5～7天。

十八、鸡球虫病

鸡球虫病是鸡的一种常见原虫病，分布广泛，发生普遍，对雏鸡的危害最严重。危害鸡的球虫主要是艾美耳属，其中以柔嫩和毒害艾美耳球虫为常见，且危害也大。前者主要寄生于鸡的盲肠内，雏鸡常见，死亡率70%以上；后者主要寄生在鸡的小肠内，青年鸡多见，死亡率50%以上。

1．流行特点

各品种的鸡均有易感性，1日龄雏鸡对本病也敏感，但有母源抗体保护，所以10日龄以内较少发病。15～50日龄发病率和死亡率高，成年鸡对球虫也敏感。本病在温暖潮湿的环境易发生流行，地面散养鸡多发。病鸡是主要传染源。凡被带虫鸡污染过的饲料、饮水、土壤或用具等，都有卵囊存在。鸡感染球虫的途径主要是吃了感染性卵囊。外界环境和饲养管理与球虫病的发生有很大关系。天气潮湿多雨，雏鸡过于拥挤，运动场积水，饲料中缺乏维生素 A、维生素 K 以及日粮配备不当等，都是本病流行的诱因。球虫病是一种免疫抑制病。发生球虫病后能加重鸡大肠杆菌病、沙门氏菌病、新城疫的发病率；球虫病常与坏死性肠炎并发，使死亡率增加。另外，本病的发生与鸡马立克氏病、鸡法氏囊病和网状内皮增生症有密切关系，能发生协同作用增高发病率和死亡率。

2. 临床诊断要点

急性型球虫病多见于 2 ~ 3 周龄雏鸡，多患柔嫩艾美耳球虫引起的盲肠球虫病。盲肠球虫病呈急性血痢，泄殖腔周围有血迹，排出鲜红色血便，3 ~ 5 天死亡；外观病鸡的眼、鼻、口腔黏膜，冠及皮肤高度贫血、苍白。雏鸡死亡率高达 100%。2 月龄以上的肉鸡，多为毒害艾美耳球虫感染引起的小肠球虫病。小肠球虫病仅显血性水痢，无全血痢症。病程经过缓慢，有时在鸡群中只有少数病鸡出现鸡冠和肉垂苍白，贫血，不喜食，日渐消瘦，羽毛脏乱，少活动，有时下痢等症状。病鸡软弱无力，以至不能站立，最后衰弱死亡，粪便中一般不易见有血液。

3. 剖检诊断要点

死鸡消瘦，黏膜和鸡冠苍白或发青，泄殖腔周围羽毛被粪便污染，往往带有血液。内脏的主要变化在肠道，肠道病理变化的部位和程度与病原种类有关。柔嫩艾美耳球虫主要侵害盲肠，急性型时两支盲肠显著肿大 3 ~ 5 倍，肠内充满凝固的暗红色血液，肠上皮变厚并有糜烂，直肠黏膜可见有出血斑。毒害艾美耳球虫损害小肠中段，这部分肠管扩张、肥厚、变粗，严重坏死。肠管中有凝固血块，使小肠在外观上呈现淡红色或黄色。肠壁上可见针头大小的红色圆形出血点。

4. 防治

（1）综合措施　根据球虫传播特点，及时清除粪便，清洗笼具、饲槽、水具等是预防球虫病的关键。制订生物安全体系，并切实贯彻执行，是防治疫病发生的根本措施。

（2）疫苗应用　有实用价值的鸡球虫病疫苗分2类，即强毒和弱毒球虫苗，目前强毒株的球虫苗用于种鸡和后备鸡，而弱毒株的球虫苗用于肉鸡。球虫苗可经滴口、混饲、混饮（悬浮剂）或粗粒气雾接种。饲养场在鸡1日龄时，将疫苗喷洒于饲料上饲喂，或4～14日龄（通常7日龄）时经饮水投服；孵化场采用气雾或滴口（用自动化机器逐只滴口）接种。球虫苗不能用于紧急接种。接种前后不得用抗球虫药，也不可应用影响免疫的药物（如地塞米松等），以及影响球虫发育的药物（如磺胺药、四环素等）。当前对肉鸡可用药物防治与疫苗免疫（价格较高）交替进行。

（3）治疗　防治球虫病，应采取综合措施才能取得明显效果。目前，控制鸡球虫病的主要手段仍然是依赖于抗球虫药的防治。在临床上选用药物如下。

①三字球虫粉，每100克可对水200千克饮用，连用5～7天。

②10%盐酸氨丙啉，每100克可对水200千克饮用，连用5～7天。

③10%地克株利，每50克可对水25千克饮用，连用5～7天。

④10%磺胺六甲氧嘧啶，鸡暴发小肠球虫病食欲停止时，用

10%磺胺六甲氧嘧啶水针剂，按每千克体重肌内注射0.5毫升，每天1次，连用2天，疗效良好。

十九、鸡住白细胞原虫病

鸡住白细胞原虫病又称白冠病，是由住白细胞原虫引起家禽的以内脏和肌肉组织广泛出血为特征的一种高度致死性原虫病。

1. 流行特点

本病的发生、流行与库蠓等吸血昆虫的活动有直接关系，一般气温大于20℃时，库蠓和蚋繁殖快、活动力强，本病流行严重。因此，本病的流行有明显的季节性，各地的流行季节随气候的差异有很大的不同，南方4~10月份，北方7~9月份。本病的传播媒介为库蠓、蚋，通过叮咬而传播。如果夏季天气炎热、雨水较多，就给昆虫的生长繁殖提供了优良的环境，由它们传播而引起的住白细胞原虫病呈上升趋势。本病往往在暴雨季节过后的20天前后开始发生。各个日龄的鸡都能感染，但以3~6周龄的雏鸡发病率和死亡率较高。本病的传染源主要是病鸡及隐性感染的带虫鸡（成鸡）。

2. 临床诊断要点

鸡住白细胞原虫病自然感染病例潜伏期为6~12天，鸡病初体温升高，食欲不振甚至废绝，羽毛蓬乱，精神沉郁，运动失调，行走困难，下痢，粪便呈绿色水样。本病多见于1~3月龄的雏鸡，发病率高，症状明显，可造成大批死亡。本病最典型的症状为贫血。各内脏严重出血，机体贫血，贫血从感染后15天开始出现，18天后最严重，鸡冠和肉髯苍白，可见有细小的出血囊。本病的另一特征是病鸡突然咯血，呼吸困难，常因内出血而突然死亡。特征性症状是死前口流鲜血，因而常见水槽和料槽边沾有病鸡咯出的红色鲜血。

3. 剖检诊断要点

本病引起鸡各内脏器官广泛出血。病鸡血液稀薄，不易凝固，皮下、肌肉出血，尤其是胸肌、腿肌有大小不等的出血点和出血斑，表面有突出的寄生性小结节或血囊肿。肝脏肿大、出血，表面有许多出血斑点，质地脆，易破裂，常见出血凝块。脾脏极度肿大，质地脆，易破裂，常有灰白色坏死点。心肌有出血点和灰白色小结节。肾肿大，有出血和出血凝块。胰腺表面有细小的出血囊和灰白色小结节。腺胃出血，肠系膜表面、肌胃表面有细小的出血囊；十二指肠出血，表面有细小的出血囊。产蛋期的鸡发病可见卵巢出血、破裂，溶化成水样。

4. 防治

（1）预防　扑灭蠓、蚋是预防本病的一个重要环节。防止蠓、蚋等昆虫进入鸡舍，同时喷药杀虫，在发病季节即蠓、蚋活动季节，应每隔 5 天，在鸡舍外用 0.01% 溴氰菊酯或戊酸氰醚酯等杀虫剂喷洒，以减少昆虫的侵袭。对感染鸡群，应每天喷雾 1 次。在饲料中添加0.0125% 氯羟吡啶能控制发病。

（2）治疗　由于住白细胞原虫属于孢子虫纲球虫目，一般对球虫有效的药物对其都较为敏感，因此可选用药物较多。

①10% 磺胺间甲氧嘧啶，每 100 克拌料 100 千克饲喂，连喂 7 天，停 3 天后再饲喂 7 天，以巩固疗效。

②氯羟吡啶，每千克饲料 250 毫克混饲给药。

③三字球虫粉（30% 磺胺氯吡嗪钠可溶性粉），每 100 克可拌料 100 千克饲喂，连喂 7 天，停 3 天后再饲喂 7 天。

④磺胺二甲氧嘧啶，0.05% 饮水 2 天，然后再用 0.03% 饮水 2 天。

在选择上述药物时应注意以下几点：使用磺胺类药物时，在尿中易析出磺胺结晶，导致肾损伤，因此，应在饲料中添加小苏打，以减少磺胺类药物的结晶形成。为增强治疗效果，可以不同种类的药物同时应用，如磺胺类药物和氯羟吡啶的混合使用，治疗时间一般为5～7天，可获得满意的效果。

二十、鸡蛔虫病

鸡蛔虫病是蛔虫寄生于鸡小肠内引起的一种最常见的蠕虫病。本病遍及全国各地，常影响雏鸡的生长发育，甚至造成大批死亡，严重影响养鸡业的发展。

1. 生活史与流行特点

成虫主要寄生在鸡的小肠内，数量多的时候在嗉囊、肌胃、盲肠和直肠中都可发现虫体。受精后的雌虫在鸡的小肠内产卵，卵随鸡粪排到体外。鸡因吞食了被感染性虫卵污染的饲料或饮水而感染。幼虫在鸡胃内脱掉卵壳进入小肠，钻入肠黏膜内，经一段时间发育后返回肠腔发育为成虫。从鸡吃入感染性虫卵到在鸡小肠内发育为成虫，需35～50天。虫卵对外界环境因素和常用消毒药物的抵抗力很强，在严寒的冬季，经3个月的冻结仍能存活，但在干燥、高温和粪便堆积发酵等情况下很快死亡。

2. 临床诊断要点

幼鸡感染蛔虫以后常表现为生长发育不良，精神沉郁，行动迟缓，食欲不振，下痢，有时粪中混有带血黏液，羽毛松乱，消瘦，贫血，黏膜和鸡冠苍白，最终可因衰弱而死亡。严重感染者可造成肠堵塞导致死亡。

3. 剖检诊断要点

病鸡小肠前半部形成寄生性结节，粟粒大，微带红色，结节内的幼虫长1毫米，幼虫寄生可引起肠黏膜水肿、充血、出血。成虫大量寄生于肠道，可引起肠管阻塞、破裂。尸体剖检在小肠，有时在腺胃和肌胃内发现有大量虫体可确诊。

4. 防治

（1）预防 搞好环境卫生；及时清除粪便，堆积发酵，杀灭虫卵；鸡群定期预防性驱虫，每年2～3次；发现病鸡及时用药治疗。

（2）治疗 驱虫可用下列药物。

①丙硫咪唑，每千克体重10～20毫克，一次内服。

②左旋咪唑，每千克体重20～30毫克，一次内服。

③噻苯唑，每千克体重500毫克，配成20%混悬液内服。

④枸橼酸哌嗪（驱蛔灵），每千克体重250毫克，一次内服。

二十一、鸡盲肠肝炎

盲肠肝炎又叫黑头病、传染性肝炎或组织滴虫病，是肉鸡可感染的一种急性原虫病。

1. 流行特点

本病一年四季均可发生，多发于春夏温暖潮湿季节。不同品种鸡对本病的易感性有差异，肉鸡场多见于4～6周龄鸡。本病主要通过消化道感染。鸡异刺线虫不仅是组织滴虫的宿主，还是本病的传播者。蚯蚓及节肢动物中的蝇、蚱蜢、土鳖、蟋蟀等都可作为机械传播者。

2. 临床诊断要点

本病的潜伏期一般15～20天。病鸡精神委顿，食欲不振，缩头，羽毛松乱，腹泻，粪稀，黄或淡黄绿色，有泡沫及异臭味，头皮常呈紫蓝色或者黑色，所以叫黑头病。病情发展下去，病鸡精神沉郁，单个呆立在角落处，站立时双翼下垂，闭眼，头缩进躯体，蜷入翅膀下，行走如踩高跷步态。

3. 剖检诊断要点

典型病变在盲肠及肝脏。肝脏肿大，表面有大小不等、淡黄色或淡绿色、圆形或不规则形、中央凹陷、边缘稍隆起的特征性坏死灶。病死鸡盲肠肿大，肠壁肥厚、坚实，肠腔内有一段干酪样凝固栓塞物，切面呈同心层状，中心是黑色凝固血块，外表包裹着灰白色或淡黄色渗出物或坏死物（彩图 22 至彩图 27）。

4. 防治

（1）预防　组织滴虫主要通过盲肠体内的异刺线虫虫卵为媒介传播，所以有效的预防措施是排除蠕虫卵，减少虫卵的数量，以降低这种病的传播感染。因此，在进鸡前，需清除禽舍杂物，并用水冲洗干净，然后严格消毒。用抗蠕敏定期驱除异刺线虫，药量为每千克体重 40 ~ 50 毫克。

（2）治疗　一旦发病常用以下几种药物。

①卡巴砷，混料饲喂，预防量为每千克体重 150 ~ 200 毫克；治疗量为每千克体重 400 ~ 800 毫克。

②硝基苯砷酸，混料饲喂，预防剂量为每千克体重 187. 5 毫克，治疗剂量 400 ~ 800 毫克。

③1，2 – 二甲基 – 5 硝基咪唑，混料饲喂，预防量为每千克体重 150 ~ 200 毫克，治疗量 400 ~ 800。

④氯苯砷，每千克体重 1 ~ 1. 5 毫克，用灭菌蒸馏水配成 1% 的溶液静脉注射。必要时 3 日后重复一次。

⑤甲硝唑（灭滴灵），配成 0. 05% 水溶液代替饮水，连用 7

天，停药3天，再饮用7天。严重病鸡也可按每千克体重直接口服0.1克甲硝唑片，每天2次。

二十二、禽羽虱病

禽羽虱寄生于鸡、鸭、鹅体表或附于羽毛、绒毛上的常见外寄生虫病，是家禽的一种普通的外寄生虫病。本病严重影响禽群健康和生产性能。

1. 发病特点及生活史

禽羽虱成虫为淡黄色，长1~4毫米，分头、胸、腹3部分。寄生于禽各部位羽毛及皮肤上，以啮食禽羽毛及皮屑为生，有时也吞食皮肤损伤部位的血液。羽虱发育分卵、幼虫、成虫3个阶段，均在禽体表进行，终生不离禽体。成虫产卵以胶质黏附于羽毛上，经9~20天孵出幼虫，幼虫3次蜕皮变为成虫。从卵到成虫经30~40天。虱的寿命只有几个月，一旦离开宿主，只能存活数天。

2. 临床诊断要点

寄生量多时，禽体奇痒，因啄痒造成羽毛断折、脱落，影响休息，病禽瘦弱，生长发育受阻，产蛋量下降，皮肤上有损伤，有时可见皮下有出血块。在禽皮肤和羽毛上查找可见虱或虱卵即可确诊。

3. 防治

（1）预防　主要是用药物杀灭禽体上的虱，同时对禽舍、笼具及饲槽、饮水槽等用具和环境彻底杀虫和消毒。

（2）治疗　可采用下列方法杀虫。

①喷雾或药浴法。20%杀灭菊酯油乳剂按3 000~4 000倍用水稀释，2.5%敌杀死油乳剂（溴氰菊酯）按400~500倍用水稀

释，或10%二氯苯醚菊酯油乳剂按4 000～5 000倍用水稀释，直接向禽体上喷洒或药浴，效果良好。一般间隔7～10天再用药1次，效果更好。

②阿维菌素，按每千克体重0.3毫克，混饲或皮下注射，均有良效。

二十三、禽螨虫病

螨虫病又名疥癣病，为鸡、鸭、鹅常见的外寄生虫病。螨的种类繁多，较为普遍的有四种：鸡刺皮螨、突变膝螨、鸡膝螨和鸡新勋恙螨。

1. 生活史

突变膝螨、鸡膝螨的生活史全部在鸡体上进行，属永久性寄生虫。突变膝螨寄生于鸡腿无毛处及脚趾部皮内的坑道内进行发育和繁殖，引起患部炎症，发痒，起鳞片，继而皮肤增厚、粗糙，甚至干裂，渗出物干燥后形成灰白色痂皮，如同涂石灰样，故称“石灰脚”。严重病鸡腿瘸，行走困难，食欲减退，生长缓慢，产蛋减少。

鸡刺皮螨属不完全变态。以刺吸血液为食，危害颇大。虫体白天隐匿在鸡巢内、墙壁缝隙或灰尘等隐蔽处，主要在夜间侵袭鸡体吸血。雌虫吸饱血后离开宿主到隐蔽处产卵，虫卵经2～3天孵化出3对足的幼虫，不吸血，经2～3天蜕化为第1期若虫；第1期若虫吸血后，经3～4天蜕化为第2期若虫，第2期若虫再经0.5～4天蜕化为成虫。

2. 临床诊断要点

膝螨寄生于禽的羽毛根部，刺激皮肤引起炎症，皮肤发红、发痒，病禽自啄羽毛，羽毛变脆易脱落，造成“脱羽症”，多发于翅膀和尾部大羽，严重者羽毛几乎全部脱光。鸡刺皮螨轻度感染时无明显症状，侵袭严重时，患鸡不安，日渐消瘦，贫血，生长缓慢，产蛋减少，并可使小鸡成批死亡。在宿主体表或窝巢等处发现虫体即可确诊，但虫体小且爬动快，不易发现。

3．防治

（1）鸡突变膝螨病治疗　应先将病鸡腿浸入温肥皂水中使痂皮泡软，除去痂皮，涂上20%硫黄软膏或2%石炭酸软膏，间隔数天再用1次。也可将20%杀灭菊酯乳油用水稀释1 000～2 500倍，或2.5%敌杀死乳油用水稀释250～500倍，浸浴病禽患腿或患部涂擦均可，间隔数天再用药1次。治疗鸡膝螨病，可用杀灭菊酯或敌杀死水悬液喷洒患鸡体或药浴。

（2）鸡刺皮螨治疗　主要是用药物杀灭禽体和环境中的虫体，用药方法同“虱”。人受侵袭时，应彻底更换衣物和被褥等，并用杀虫药液浸泡1～3小时后洗净；房舍地面和墙壁、床板等用杀虫药液喷洒。

（3）伊维菌素粉　所有螨虫都可用伊维菌素粉，每次每千克体重100微克口服或每千克体重注射0.1毫克。但在治疗一次后，应间隔5～7天重复用药，多次用药才能彻底治愈。

二十四、维生素A缺乏症

维生素A缺乏症是由于家禽缺乏维生素A引起的以角膜、结膜、气管、食管黏膜角质化、夜盲症、干眼病、生长停滞等为特征的营养缺乏疾病。

1．临床诊断要点

肉鸡一般发生在1～7周龄，1周龄的鸡发病，与母鸡缺乏维生素A有关。轻度缺乏维生素A，肉鸡的生长及抗病力会受到一定影响，往往不易被察觉，使养鸡生产在不知不觉中受到损失。其症状特点为厌食，生长停滞，消瘦，倦睡，衰弱，羽毛松乱，运动失调，瘫痪，不能站立。胫、喙色素消褪，冠和肉垂苍白。病程超过1周仍存活的鸡，眼睑发炎或粘连，鼻孔和眼睛流出黏性分泌物，眼睑不久即肿胀，蓄积有干酪样的渗出物，角膜混浊、不透明，严重者角膜软化或穿孔失明。

2. 剖检诊断要点

可见口腔、咽、食管黏膜有白色小结节或覆盖一层白色的豆腐渣样的薄膜，但剥离后黏膜完整，无出血、溃疡现象。支气管黏膜可能覆盖一层很薄的伪膜。结膜囊或鼻窦肿胀，内有黏性的或干酪样的渗出物。严重时肾脏呈灰白色，有尿酸盐沉积。此外，在心脏、心包、肝脏和脾脏表面也曾见尿酸盐的沉积，与内脏痛风相同，是由于维生素A缺乏引起肾脏机能障碍，因而尿酸盐不能排泄所致。小脑肿胀，脑膜水肿，有微小出血点。

3. 防治

(1) 预防　在采食不到青绿饲料的情况下必须保证添加足够的维生素A，肉鸡日粮维生素A的含量应为每千克饲料1 500单位。全价饲料中添加合成抗氧化剂，防止维生素A贮存期间氧化损失。防止饲料贮存过久，不要预先将脂溶性维生素A掺入到饲料或存放于油脂中。避免将已配好的饲料和原料长期贮存。改善饲料加工调制条件，尽可能缩短必要的加热调制时间。

(2) 治疗　已经发病的鸡只可用添加治疗剂量的鱼肝油，治疗剂量可按正常需要量的3～4倍混料喂服，连喂约2周后再恢复正常。或每千克饲料加5 000单位维生素A，疗程1个月。

二十五、维生素 B_1（硫胺素）缺乏症

维生素 B_1是鸡体碳水化合物代谢必需的物质，缺乏会导致碳水化合物代谢障碍和神经系统病变，发生以多发性神经炎为典型症状的营养缺乏性疾病。

1．发病原因

饲料中维生素 B_1 含量不足，通常发生于配方失误，饲料碱化、蒸煮等加工处理不当，饲料发霉或贮存时间太长等造成维生素 B_1分解损失。饲料中含有蕨类植物、抗球虫病、抗生素等对维生素 B_1有颉颃作用的物质，如氨丙啉、硝胺、磺胺类药物。

2．临床诊断要点

雏鸡缺乏维生素 B_1多在 2 周龄以前发生。发病突然，发病时食欲废绝，羽毛蓬乱，下痢。其特征为外周神经发生麻痹或初为多发性神经炎，进而出现麻痹或痉挛的症状。开始为趾的屈肌发生麻痹，以后向上蔓延到翅、腿、颈的伸肌发生痉挛，这时病鸡瘫痪，坐在屈曲的腿上，角弓反张，头向背后极度弯曲，后仰呈“观星状”。有的鸡呈进行性瘫痪，不能行动，倒地不起，抽搐死亡。

3．剖检诊断要点

剖检无特征性病理变化，胃肠道有炎症，睾丸和卵巢明显萎缩，心脏轻度萎缩。小鸡皮肤水肿，肾上腺肥大，母鸡比公鸡更明显。

4．防治

（1）预防　防止饲料发霉，不饲喂变质劣质鱼粉。适当多喂各种谷物、麸皮和青绿饲料。控制嘧啶环和噻唑药物的使用，必须使用时疗程不宜过长。注意日粮配合。在饲料中添加维生素

B_1，添加量为每千克饲料1~2毫克，满足肉鸡的需要。

（2）治疗　平均每只内服维生素B_1量为每千克体重2.5毫克，肌内注射量为每千克体重0.1~0.2毫克。

二十六、维生素B_2（核黄素）缺乏症

维生素B_2是动物体内10多种酶的辅基，与动物生长和组织修复有密切关系，家禽因体内合成维生素B_2很少，必须由饲料供应。维生素B_2缺乏症的典型症状为卷爪麻痹症。

1. 发病原因

维生素B_2缺乏症通常由以下情况引起：饲料补充维生素B_2不足，常用的禾谷类饲料中维生素B_2特别缺乏，又易被紫外线、碱及重金属破坏。药物的颉颃作用：如氯丙嗪等能影响维生素B_2的利用。动物处于低温等应激状态，需要量增加；胃肠道疾病会影响维生素B_2的转化吸收；饲喂高脂肪、低蛋白饲料时维生素B_2需要量增加。

2. 临床诊断要点

雏鸡生长减慢、衰弱、消瘦，背部羽毛脱落，贫血，严重时发生下痢。不愿走动。典型症状是趾爪向内蜷缩呈“握拳状”（彩图28）。两肢瘫痪，以飞节着地，翅展开以维持身体平衡，运动困难，被迫以踝部行走，腿部肌肉萎缩或松弛，皮肤粗糙，眼睛发生结膜炎和角膜炎。病后期，腿伸开卧地，不能走动。

3. 剖检诊断要点

一般内脏器官没有异常变化。但可见胃肠道黏膜萎缩，肠道内有大量泡沫状内容物，重症禽坐骨、肱骨神经鞘显著肥大，其中坐骨神经变粗为维生素B_2缺乏症典型症状。

4. 防治

(1) 预防 饲料中添加蚕蛹粉、干燥肝脏粉、酵母、谷类和青绿饲料等富含维生素 B_2的原料。雏鸡一开食就应喂配合日粮或在每千克饲料中添加维生素 B_2 2～3 毫克。

(2) 治疗 一般缺乏症可不治自愈，对确定维生素 B_2缺乏造成的坐骨神经炎，在每千克日粮中加 10～20 毫克的维生素 B_2，或每只内服维生素 $B_2$0.1～0.2 毫克，可收到好的疗效。

二十七、维生素 E 缺乏症

肉鸡维生素 E 缺乏症以脑软化症、渗出性素质、白肌病为特征。

1. 发病原因

维生素 E 缺乏症的发生很大程度上与饲料有关。因为维生素 E 不稳定，易被氧化破坏，饲料中其他成分也会影响维生素 E 的营养状态，造成缺乏症发生。

2. 临床诊断要点

维生素 E 缺乏引起脑软化症，多发生于 3～6 周龄的雏鸡，发病后表现精神沉郁，瘫痪，常倒于一侧；出壳后弱雏增多，表现站立不稳，脐带愈合不良，曲颈、头插向两腿之间等神经症状。剖检可见小脑软化水肿，有出血点和坏死灶，坏死灶呈灰白色斑点。维生素 E 和硒同时缺乏时，雏鸡会表现渗出性素质，病鸡翅膀、颈、胸、腹等部位水肿，皮下血肿。维生素 E 和含硫氨基酸同时缺乏，则表现为白肌病，胸肌和腿肌色浅、苍白，有白色条纹，肌肉松弛无力，消化不良，运动失调，贫血。

3. 防治

(1) 预防 饲料中添加足量的维生素 E，每千克日粮维生素

E 含量鸡为 10 ~ 15 单位；中添加抗氧化剂。防止饲料贮存时间过长或受到无机盐、不饱和脂肪酸的氧化及颉颃物质的破坏。饲料中硒含量应为 0.25 毫克/千克。

（2）治疗　临床实践中，脑软化、渗出性素质和白肌病常交织在一起，若不及时治疗可造成急性死亡，通常每千克饲料中加维生素 E 20 单位，连用 2 周，可在用维生素 E 的同时用硒制剂。发生渗出性素质病每只鸡可以肌内注射 0.1% 亚硒酸钙生理盐水 0.05 毫升，或每千克饲料中添加 0.05 毫克硒添加剂。白肌病每千克饲料再加入亚硒酸钠 0.2 毫克、蛋氨酸 2 ~ 3 克可收到良好疗效。脑软化症可用维生素 E 油或胶囊治疗，每只鸡一次喂 250 ~ 350 单位。饮水中供给速溶多维。植物油中含有丰富的维生素 E，在饲料中混加 0.5% 的植物油，也可达到治疗本病的效果。

二十八、硒缺乏症

硒缺乏症与维生素 E 缺乏症有诸多共同之处，也是由于硒和维生素 E 缺乏引起的以骨骼发育不良、白肌病、渗出性素质为特征的营养缺乏症。

1. 发病原因

地方性土壤缺硒（含硒量低于 0.5 毫克/千克），可引起作物籽实缺硒，最终造成饲料缺硒，日粮中应补充硒。其他因素如维生素 E 缺乏、硫对硒的颉颃作用等也会造成硒缺乏症发生。

2. 临床诊断要点

渗出性素质常以 2 ~ 3 周龄的雏鸡发病为多，3 ~ 6 周龄发病率高达 80% ~90%，多呈急性经过。病雏躯体低垂，胸腹部皮肤出现淡蓝色、水肿样变化，可扩展至全身。排稀便或水样便，最后衰竭死亡。剖检可见到水肿部有淡黄色的胶冻样渗出物或淡黄绿色纤维蛋白凝结物。白肌病以4周龄幼雏易发，表现为全身软弱无力，贫血，腿麻痹而卧地不起，羽毛松乱，翅下垂，衰竭而亡。病变部肌肉变性、色淡、呈煮肉样，或呈灰黄色、黄白色的点状、条状、片状等。脑软化症主要表现为平衡失调、运动障碍和神经紊乱症状，硒和维生素E皆可导致，而以维生素E为主。

3. 防治

（1）预防　正常日粮中每千克饲料应含有0.1～0.2毫克/千克的硒，通常以亚硒酸钠形式添加，同时应有20毫克维生素E。

（2）治疗　缺乏时，患禽少时可用0.01%亚硒酸钠生理盐水肌内注射，每只雏鸡为0.1～0.3毫升，同时喂服维生素E油300单位。每千克饲料中添加0.1～0.15毫克亚硒酸钠，或用0.1%的亚硒酸钠饮水，5～7天为一疗程，但应严防中毒。

二十九、钙和磷缺乏症

钙、磷在骨骼组成、神经系统、肌肉和心脏正常功能的维持及维持血液酸碱平衡、促进凝血等方面发挥着重要作用，钙和磷缺乏症是一种以雏禽佝偻病、成禽骨软病为特征的重要营养代谢症。

1. 发病原因

饲料中钙、磷含量不足，鸡生长发育和产蛋期对钙、磷需要量较大，如果补充不足，则容易产生钙和磷缺乏症。饲料中钙、磷比例失调，会影响2种元素的吸收，雏鸡和产蛋鸡的饲料中钙磷比应为（2～4）：1。维生素D在钙、磷吸收和代谢过程中起着重要作用，如果缺乏维生素D，则会引起钙和磷缺乏症。其他因素，如日粮中蛋白质、脂肪、植酸盐含量过多，环境温度过高，运动少，日照不足及疾病、生理状态等都会影响钙、磷代谢和需要量，引起缺乏症。

2．临床诊断要点

雏禽典型症状是佝偻病。发病较快，1~4周龄出现症状。早期可见病鸡喜欢蹲伏，不愿走动，食欲不振，病禽生长发育和羽毛生长不良，以后腿软，站立不稳，步态跛瘸。骨质软化，易骨折，关节肿大，跗关节尤其明显，胸骨畸形，肋骨末端呈念珠状小结节，有时拉稀。成禽易发生骨软症，主要是在高产鸡的产蛋高峰期，表现为骨质疏松，骨硬度差，骨骼变形；腿软，卧地不起；爪、喙、龙骨弯曲；产蛋量下降，最先发生症状为薄壳蛋、软壳蛋增多，蛋壳畸形、沙皮，孵化率下降。

3．剖检诊断要点

可见全身骨骼骨密质变薄，骨髓腔变大，易骨折，胸骨和肋骨自然骨折，与脊柱连接处的肋骨局部有珠状突起。肋骨增厚、弯曲，致使胸廓两侧变扁，雏鸡胫骨、股骨头骨骺疏松。

4．防治

（1）预防　应注意饲料中钙、磷含量要满足禽的需要，且保证比例适当，尤其要注意产蛋鸡和雏鸡对日粮中钙、磷的正常吸收、代谢。同时注意维生素D的给予。雏鸡饲料中钙与有效磷的含量分别为0.6%~0.9%、0.4%~0.55%。通过血磷、血钙测定并配合骨骼X射线检查，可为早期诊断或监测预报提供依据。

（2）治疗　已经发生缺乏症时，应当立即增加饲料中钙、磷水平，调整好比例。应给予3倍于平时剂量的维生素D或鱼肝油2~3周，再恢复到正常。当然，最好能够化验饲料。补充钙、磷可用磷酸氢钙、骨粉、贝壳粉等原料。

三十、维生素D缺乏症

维生素D缺乏症是禽钙、磷吸收和代谢障碍，骨骼、蛋壳形成等受阻，以雏禽佝偻病和缺钙症状为特征的营养缺乏症。

1. 发病原因

维生素D缺乏症的发生主要有2个原因：a. 体内合成量不足和饲料供给缺乏。维生素D合成需要紫外线，所以适当的日晒可以防止缺乏症的发生。b. 机体消化吸收功能障碍，禽患有肾、肝疾病等。

2. 临床诊断要点

1月龄左右雏鸡容易发生，发生时间与雏鸡饲料及种蛋质量有关。最初症状为腿弱，行走不稳，喙和爪软而容易弯曲，以后跗关节着地，常蹲坐，平衡失调。骨骼柔软或肿大，肋骨和肋软骨结合处可摸到圆形结节（念珠状肿），胸骨侧弯，胸骨正中内陷，使胸腔变小。生长发育不良，羽毛松乱，无光泽，有时下痢。

3. 防治

（1）预防　保证饲料中含有足够量的维生素D_3，每千克日粮中，雏鸡、育成鸡需200单位，产蛋鸡、种鸡需500单位。饲料中维生素A的含量对维生素D的吸收有影响，维生素A添加量太多会影响维生素D的吸收。一般应保持维生素A与维生素D为5∶1的比例。调节饲料中的钙、磷含量和比例，钙、磷缺乏或比例失调会增加维生素D的需要量。一般钙磷比例应保持在2∶1左右。防止饲料发霉，破坏维生素D_3，可添加防霉剂。同时要增加禽日光照射时间。

（2）治疗　已经发生缺乏症的鸡可补充维生素D_3；饲料中

使用维生素 D_3 粉或饮水中使用速溶多维，每千克饲料中添加 1 500单位。雏鸡缺乏维生素 D 时，每只可喂服 2～3 滴鱼肝油，每天 3 次。患佝偻病的雏鸡，每只每次喂给 10 000～20 000单位的维生素 D_3 油或胶囊。多晒太阳，保证足够的日照时间对治疗也有帮助。对患佝偻病严重的病鸡，可肌内注射维生素 D_3 果糖酸钙注射液，每支 2 毫升含维生素 D_3 0.25 毫克。一般按每千克体重肌内注射 0.1 毫升，在注射 1 次后 10 天即能恢复健康和产蛋性能。

三十一、鸡传染性腺胃炎

自 1996 年以来，在我国一些养殖密集地区开始流行鸡传染性腺胃炎。病鸡生长阻滞，消瘦死亡，剖检以腺胃肿大如球、腺胃乳头凹陷出血，胸腺、法氏囊萎缩为主要特征。传染性腺胃炎在某些地方又称为腺胃性传支。关于本病的病原众说纷云，目前的观点主要有两种：一种认为主要由冠状病毒所引起；另一种观点则认为主要由禽网状内皮增生症病毒（REV）引起。

1. 流行特点

鸡传染性腺胃炎可在不同品种的蛋鸡、肉鸡和火鸡上传播，以蛋雏鸡、肉雏鸡、青年鸡多发。发病率在各个地方因地域和饲养管理不同而不同，一般发病率在 10%，死亡率高达 30%。该病最早发病日龄为 21 日龄，25～50 日龄多发，产蛋鸡也可发病。病程 10～15 天，发病后 5～8 天为死亡高峰。病原可能垂直传播，在同一鸡场、同一批鸡发现不同品种的鸡只同时发病，怀疑由种鸡垂直传播。鸡痘尤其是眼型鸡痘是腺胃炎发病的重要原因。各种原因的眼炎：如传染性支气管炎、传染性喉气管炎、各种细菌感染、维生素 A 缺乏或通风不良引起的眼炎，都会导致腺胃炎的发生。现在一些垂直传播的疾病可能也是该病的诱因，如临床常可发现的网状内皮增生症、鸡贫血因子、马立克氏病等。

2. 临床诊断要点

病鸡临床表现羽毛蓬乱，无精神，翅膀下垂，采食量和饮水量明显减少。采食量仅为正常采食量的1/3～1/2，平均体重仅达标准体重的1/2～2/3，常卧地不起。病鸡冠髯苍白、萎缩，可视黏膜苍白，嗉囊呈淡褐色，不时呕吐出黑褐色米汤样物，并伴有呼吸道症状，鸡体消瘦，腹泻，排棕红色至黑色稀便，粪中有时出现血液，生长迟缓，甚至衰竭死亡。

3. 剖检诊断要点

病鸡消瘦，肌肉苍白。腺胃肿大如球，呈不规则突出、变形、肿大，切开腺胃可见腺胃壁增厚、水肿，轻轻一按可流出浆液性液体。腺胃乳头肿胀、出血（彩图29），乳头界限融合，分不清界限。肌胃萎缩。胸腺、脾脏严重萎缩。肠道黏膜脱离、出血。

4. 鉴别诊断

（1）与鸡新城疫的鉴别　鸡新城疫除了表现腺胃乳头黏膜出血外，腺胃肿大不显著，且肌胃角质层膜有出血和溃疡，十二指肠有出血和枣核形溃疡。

（2）与马立克氏病的鉴别　两病都表现为消瘦，但本病发病日龄低，一般多在20日龄发病；而马立克氏病则多在60日龄以后才发病。马立克氏病肿瘤一般除发生在腺胃上外，其他器官如肝脏、脾脏、肾脏、皮肤等都有肿瘤结节。

5. 防治

由于本病病因复杂，对其病原无统一定论，所以目前尚无特异性的治疗和预防控制措施，只能淘汰消瘦鸡群。

(1) 加强管理　管理水平和防疫状况对腺胃炎的发生有重大影响。严格执行卫生防疫和消毒措施，针对主要病原进行免疫接种。加强对鸡痘等疾病的防治，建议使用SPF胚源的冻干苗，尤其要注意不能使用被鸡网状内皮增生症（REV）污染的马立克氏病液氮苗和鸡痘苗。

(2) 预防　消除营养不良等发病诱因，控制日粮中各种真菌及其毒素对鸡群造成的各种危害。此外，日粮中的生物源性氨基酸，包括组胺、组氨酸等的控制也是降低鸡腺胃炎发生的有效措施。

三十二、腹水症

腹水症是多种因素引起禽的一种综合征，肉禽、种蛋禽均有发生，本病的主要特征是腹腔积液，腹围下垂。

1. 发病特点

本病多发生于秋、冬低温季节，4周龄以上生长快速的公禽多发。诱发本病的因素很多，包括禽舍通风不良、氧气不足或氨浓度增高，遗传、饲养环境及营养等，主要病因是缺氧使肺动脉压升高，导致右心室衰竭和腹腔积液。饲料中含有的有毒物质，如黄曲霉素或高水平的某些药物（如呋喃唑酮等），某些侵害肝脏或血管的疾病（大肠杆菌感染和水禽浆膜炎）也可引起腹水症。

2. 临床诊断要点

病禽初期表现精神不振，喜卧，腹部膨大，触之有波动感，死后可见喙端和脚的发绀。

3. 剖检诊断要点

最明显的剖检病变为腹腔内有大量黄色液体，腹水中混有纤维素凝块。肝脏肿大或萎缩，质地变脆或发硬，表面有一层白色纤维膜和数量不等的水疱。心包膜增厚，心包积液，心脏肿大，右心扩张、柔软，心壁变薄。肺淤血或水肿等，去除腹水后可见肠道浆膜发红、出血。

4. 防治

(1) 加强管理　保证孵化后期的通风换气。肉雏禽早期开始发病，与种蛋孵化后期氧气供给不足有直接关系。因此，孵化后期应加强通风换气，可防止早期肉禽腹水症的发生。冬季养肉禽要保温。冬季低温导致的冷应激，是肉禽腹水症发病的一个重要原因。冬季养肉禽的基础工作必须搞好。特别是大风降温天气要注意冷应激的侵害，并处理好保温与通风的关系。加强环境管理，主要是降低肉禽的饲养密度，3 周龄前每平方米 15 ~ 20 只，3 周龄后每平方米 10 ~ 12 只为宜。搞好卫生，勤换干燥无污染的松软垫草，定时清粪、消毒和通风换气，排出氨等有害气体，可预防腹水症的发生。

(2) 预防　肉仔禽早期限饲。肉仔禽开食后的 3 周内，要喂低浓度营养，特别是在 2 ~ 3 周龄时要适当限饲，即限制雏禽采食量，控制每顿喂七八成饱。限制其生长速度，能有效地控制腹水症的发病率。有人担心雏禽早期营养供给不足，生长不好，延缓生长发育。但 3 周后改喂高浓度日粮，能在后期补偿生长而加快增重，不影响生产性能。在日粮中加喂添加剂：一是在日粮中加喂 0.2% 小苏打，可显著减少腹水症的发病率；二是在饮水时，在温水中加入维生素 C，对预防肉禽的腹水症有较好的效果。

三十三、肉鸡猝死症

鸡猝死症是指健康鸡群没有明显可辨的原因，突然发生急性死亡的一种疾病，又称急性死亡症。在肉鸡中又称肺水肿。

1．发病原因

本病的发生与鸡的遗传育种有关：目前肉鸡培育品种逐步向快速型发展，生长速度快，体重大，尤其是2～3周龄的雏鸡，采食量大而不加限制，造成急性快速生长，而相对应的自身内脏系统，如心脏、肺脏、消化系统发育不完全，导致体重发育与内脏不同步。与环境因素有关：温度高、潮湿大、通风不良、连续光照者死亡率高。与新陈代谢、酸碱平衡失调有关：猝死症病鸡体膘良好，嗉囊、肌胃装满饲料，导致血液循环向消化道集中，血液循环发生障碍出现心力衰竭。与药物有关：给肉鸡喂离子载体类抗球虫药物时，猝死症发生率显著高于喂其他抗球虫药物。

2．流行特点

本病一年四季都可发生，但在春、冬两季发病严重，死亡率为0.5%～4%不等。以肉仔鸡、肉种鸡多发。肉仔鸡发病有2个高峰，2～3周龄和6～7周龄，肉用种鸡在27周龄前后是本病的发病高峰，体重越大，发病率越高；公鸡发病率比母鸡高约3倍，采食颗粒饲料者比采食粉料者高。

3．临床诊断要点

发病前无任何异状，多以生长快、发育良好、肌肉丰满的青年鸡突然死亡为特征。个别鸡只常常在饲养员进舍喂料时，突然失控，翅膀急剧扇动或离地，跳起15～20厘米，从发病至死亡时间1分钟左右。死鸡一般为两脚朝天呈仰卧或腹卧姿式，颈部扭曲，肌肉痉挛，发病时有突然尖叫声。

4．剖检诊断要点

外观体型较丰满，除鸡冠、肉垂略潮红外无其他异常。嗉囊和肌胃内充盈刚采食的饲料。心房扩张，心脏较正常鸡大，心肌松软。肝脏肿大、质脆、色苍白，肺发炎、出血、淤血，胸肌、腹肌湿润苍白，少数死鸡偶见肠壁有出血症状。

5. 防治

（1）加强管理　改善饲养环境，增加鸡舍的通风设备，降低饲养密度。调整饲养程序，从第 2 周开始，对鸡只采取限制饲喂，不能任其采食。可利用调整光照的方式来控制采食，7 ~21 日龄采用 12 ~16 小时的光照，22 日龄以后每天 20 小时光照，应注意晚上一旦关灯，就不要随意开灯，以防应激扎堆。

（2）治疗　碳酸氢钾饮水或拌料。饮水：每只 0.6 克，连用 3 天；拌料：每 1 000千克饲料添加 3.6 千克；或添加多维，饲料中添加量为常量的 1 ~2 倍，可明显减少死亡率。

三十四、异食癖

异食癖又称啄食癖或恶食癖，是由禽体代谢机能紊乱，味觉异常和饲养管理不当等引起的一种复杂的多种疾病的综合征。家禽异食癖不一定都是营养物质缺乏与代谢紊乱，有的属恶癖，因而，从广义上讲异食癖也包含恶癖。

1. 发病特点

肉鸡啄食癖临床上常见的有以下几种类型。

（1）啄羽癖　幼鸡在开始生长新羽毛或换小羽时易发生。先由个别鸡自啄或互啄羽毛，背部羽毛稀疏残缺（彩图 30）。然后，很快传播开，影响鸡群的生长发育、产蛋量。

（2）啄趾癖　大多是幼鸡喜欢互相啄食脚趾，引起出血、跛行症状。

2. 防治

根据具体病因，采取相应的切实可行的防治措施，方可收到明显的效果。现简要介绍几种方法供参考选用。

（1）雏鸡去喙法　应用电动去喙器等器械去掉鸡一点嘴尖。必要时以后再行去喙。

（2）隔离治疗　有啄癖的鸡和被啄伤的病禽，要及时挑出，隔离饲养与治疗。

（3）加强营养　检查日粮配方是否达到了全价营养。找出缺乏的营养成分及时补给。如蛋白质和氨基酸不足，则需添加豆饼、鱼粉、血粉等；若是因缺乏铁和维生素 B_1 引起的啄羽癖，则每只成年鸡每天给予硫酸亚铁 1～2 克和维生素 B_1 5～10 毫克，连用 3～5 天；若暂时弄不清楚啄羽病因，可在饲料中加入 1%～2% 石膏粉，或每只鸡每天给予 0.5～3 克石膏粉；若是缺盐引起的恶癖，在日粮中添加 1%～2% 食盐，供足饮水，此恶癖很快会消失，随之停止增加食盐，食盐给量只能维持在 0.25%～0.5%，以防发生食盐中毒；若是缺硫引起啄肛癖，在饲料中加入 1% 硫酸钠，3 天之后即可见效，啄肛停止以后，改为 0.1% 的硫酸钠加入饲料内，进行暂时性预防。总之，只要及时补给所缺的营养成分，皆可收到良好疗效。

第七章

肉鸡场的环境控制与管理

第一节　粪便的无害化处理

鸡粪中不仅含有大量的有机质、矿物元素，还含有较多的微生物和寄生虫（虫卵)，如果处理不当这些成分就会渗入土壤和地下水，造成地表土壤污染地下水中某些矿物元素、硝态氮、细菌总数等指标超标，鸡群饮用受这种污染的水则很容易影响到其健康。鸡粪对环境的污染包含从粪便产出、清理、运输和存放的全过程。任何一个环节处理不当，都会污染环境。因此，肉鸡规模养殖粪便的处理和利用，须使其无害化、减量化、资源化，减少对环境的污染，促进肉鸡养殖业的可持续发展。鸡粪的处理利用，主要有以下几种方法。

一、干燥处理

鸡粪干燥处理是一种物理方法，有自然干燥和机械干燥处理2种。

1．自然干燥处理

将鸡粪摊铺在水泥地坪上或搭建的简易塑料大棚里，定期翻晒，利用太阳能和塑料大棚中形成的“温室效应”自然干燥鸡粪。为防平铺在水泥地坪上的鸡粪淋雨，可用塑料薄膜覆盖。晒干后，再用筛子去除杂物，干燥处贮存，作为有机肥待用。此法优点是成本低、操作简单；缺点是消毒杀菌效果不够理想，晾晒时会污染周围环境，最好与条垛式堆肥处理工艺结合进行。

2. 机械干燥处理

使用专门的粪便干燥机械，将含水60%的鲜鸡粪，通过去杂、净化、高温烘干、浓缩粉碎、消毒灭菌、分解去臭等工序在较短时间内使鸡粪干燥，此时鸡粪的含水率在13%左右，便于贮藏待用。根据干燥的温度可将机械干燥处理分为低温和高温干燥处理。

（1）低温干燥处理　将鸡粪置于粪便干燥器中（装有搅拌器和气体蒸发设置），加温至70～105℃，经10～12小时不断搅拌和气体蒸发烘干，含水率降到13%左右，粉碎、过筛制成有机肥。此外，还可根据土壤成分和作物的营养需要，将植物需要的无机矿物质按一定比例与鸡粪混合，制成混合专用肥。

（2）高温快速干燥法　将鸡粪装入可不断转动的干燥器内，间接加热，在500～600℃温度下处理12分钟，将鸡粪的含水率降到13%左右。此法能同时彻底杀灭病原体，消除臭味，是理想的粪便无害化处理方法。此法处理的鸡粪因经过高温，灭菌彻底，除作为肥料外又可作为畜禽饲料。

二、堆肥处理

堆肥是简便可行的鸡粪处理方法，分为厌氧型和好氧型堆肥2种。

1. 厌氧型堆肥

基本上是在自然环境条件下，利用厌氧或兼性微生物将鸡粪和作物秸秆等有机物发酵腐熟后作为农田肥料。一般根据鸡粪量的多少堆成正方体或长方体、圆锥体的粪堆。在其表面糊上泥或用塑料薄膜封严，平时不需翻动，在南方地区堆放 2 个月以上，北方地区堆放 4 ~ 6 个月即可。有条件的，可采用顶棚式鸡粪堆积发酵场，一般肉鸡养殖规模在 5 000 ~ 8 000 只的标准化大棚，粪便堆积发酵场可按 24 米^2（长 6 米、宽 4 米）建设，周围带有 1.2 米左右的围墙，顶部带有钢架和水泥瓦结构的顶棚，防止雨雪水进入导致粪便溢出横流。这样的发酵场建设成本在 5 000元左右。对于养殖规模在 8 000 只以上的可适当增加容量。这种方式对病原微生物和寄生虫卵杀灭不彻底，时间长，占地面积大。

2. 好氧型堆肥

其原理是将鸡粪和含碳丰富的农作物秸秆充分混合，在有氧条件下，在好氧、嗜热微生物作用下转化为腐殖质、微生物和有机残渣的过程。这种方式产生的堆肥基本无臭味、肥效持久，是改善土壤结构、维持地力的优质有机肥，是现代堆肥的常用方法。其优点是发酵温度高，病原微生物和寄生虫卵杀灭彻底，堆肥时间短，脱水干燥效果好。缺点是消耗劳力或电力多。好氧型堆肥有以下几种方法。

（1）被动通风条垛式堆肥　将鸡粪自然风干，待水分降至 40% 左右时堆起，中间插入稻草把或玉米秸等以充入空气，促使好氧微生物发酵、腐熟。此法优点是操作简单，不需要翻堆，不用强制通风，不用设备，无能耗；缺点是要求鸡粪含水量低、松散、透气性好，若堆制或管理不当，容易形成厌氧条件，导致堆温低，反应慢，病原微生物和寄生虫卵杀灭不彻底，易产生臭气。

（2）条垛式堆肥　将含水量 50% ~ 70% 的鸡粪与作物秸秆等填充料拌匀后，堆成条垛状粪堆，每 2 ~ 3 天翻动 1 次，以充入空气，保证好氧菌对氧气的需要。此法优点是发酵温度高，微生物和寄生虫卵杀灭彻底，堆粪时间短，一般 3 ~ 4 周，堆肥腐熟程度高，稳定性好，易干燥；缺点是翻堆时需要大量人力或机械，占地面积大，需填充料较多，翻堆时臭气散发污染空气严重。

（3）强制通风静态垛式堆肥　将含水量45%～65%的鸡粪与农作物秸秆等填充料拌匀后，堆成条垛状粪堆，在粪堆的底部埋设通风管，管上布满出气孔，通风管与风机相连，进行强制通风，保证好氧性细菌对氧气的需要。此法优点是发酵温度高，病原微生物和寄生虫卵杀灭彻底，堆肥时间短，需2～3周，堆肥腐熟程度高，稳定性好，易干燥，不需要翻堆；缺点是耗电量大，鸡粪含水量较低，受天气影响较大，需要填充料较多。

（4）发酵仓式好氧堆肥　此法是将鸡粪置于部分或全封闭的容器内，通过向容器通风，并控制容器中的水分和温度，利于生物降解和转化，进料、出料连续进行。其优点是占地面积小，空间限制小；发酵过程控制好，堆肥质量高，病原微生物和寄生虫杀灭彻底；不受气候条件影响；热能可以回收利用；对废气统一回收处理，解决了臭味问题，防止了二次污染。缺点是设备投资较大。好氧型堆肥发酵要求供氧量必须充足，温度50～60℃，含水45%～65%，pH值6.5为宜。按10%～20%添加已经腐熟的堆肥可有效加快鸡粪的发酵速度。

三、活菌发酵处理

采用鸡粪为主要原料，将适用于原料降解腐熟除臭的菌，如纤维分解菌、半纤维分解菌、木质素分解菌和高温发酵菌，固氮微生物，解磷微生物和芽胞杆菌等微生物复合活菌制剂添加到鸡粪中，添加量根据产品的活菌种类和数量而异，一般0.2%～1%，然后，在搭建的简易发酵棚中，将拌好微生物复合活菌制剂的鸡粪堆成2米宽，1.5米高的长垄，每10天左右翻堆一次，

45 ~ 60 天腐熟，可作为高效生物有机肥。其生产工艺流程为配料接种、发酵、干燥粉碎、筛分、包装等，这种方法处理的鸡粪属于生物肥料，营养功能强，安全无害，具有较高的利用价值。

四、沼气发酵处理

利用厌氧环境，使鸡粪中的有机质水解和发酵生成沼气，可用于取暖、照明、做饭等。其方法是将新鲜鸡粪进行脱毛，沉沙，初步处理后入沼气池（沼气池的大小根据鸡粪量的多少确定），这种方法生产费用低，节约能源，但发酵周期较长。

五、化学消毒处理

消毒粪便用的化学药品可用含有 2% ~5% 有效氯的漂白粉溶液、20% 石灰乳等，将适量药品与粪便拌和均匀，堆放一定时间，就能达到消毒的目的。如将漂白粉与粪便按 1∶5 的比例拌和均匀，可进行粪便的消毒。但此法较麻烦，需要消毒的粪便量较少时可选用。也可以将污染的粪便与漂白粉或新鲜的生石灰混合，然后深埋于地下，埋的深度应达 2 米左右，此种方法简便易行，但缺点是病原微生物易经地下水散布以及损失肥料。

第二节　环境保护措施

一、废弃物减量排放与管理

适度规模肉鸡养殖会不可避免地产生大量废弃物。解决肉鸡养殖对环境的污染问题，重点要抓好肉鸡的日常管理和努力做好粪污的减量排放。

1. 加强饲养管理

（1）采用多段式饲养方式，饲喂膨化颗粒饲料　采用三段式饲养方式进行肉仔鸡生产，使饲料提供的营养更加接近肉鸡需要，并饲喂膨化颗粒饲料。饲料经膨化和制粒，不仅可以提高消化和利用的效率，还可破坏或抑制一些抗营养因子、一些有毒物质和微生物，从而改善饲料卫生和降低环境污染。

（2）改进管理方式　通过多种途径，实施“雨污分流”、“干清粪”、“干湿分离”等措施减少污染物的排放量。即将雨水和清洗粪便的污水分别利用不同的管道系统进行收集和传输，利用机械或人工直接将鸡粪收集、清扫、运走，尽量不用水冲，冲洗地面、器具等的污水从下水道流出，并经沉淀等固液分离处理，分别处理。

（3）严格垫料使用和处理　肉鸡场最常用的垫料有稻壳、刨花、锯末，甘蔗渣等。垫料保持有20%～25%的含水量为宜。当低于20%时，垫料中的灰尘就成了严重问题，当高于25%，垫料就变潮湿并结成块状。对已潮湿和结块的垫料，须用新垫料全部更换。废弃的垫料应及时焚烧或堆肥发酵处理。

2. 减少粪污排量

（1）降低氮的排泄量并控制臭味　氮是肉鸡排泄物中造成环境污染的主要元素之一。降低氮的排泄量和控制臭味的主要技术措施有：a. 通过添加合成氨基酸，配制氨基酸平衡日粮，以减少肉鸡排泄物中氮的含量；b. 通过在饲料中添加蛋白质消化酶，提高肉鸡对饲料中蛋白质的消化率；c. 在饲料中添加微生态制剂；d. 在日粮中添加除臭剂。

（2）降低磷和非淀粉多糖的排泄量　磷是肉鸡排泄物中造成

环境污染的又一个主要元素。在饲料添加适量的植酸酶，使磷从植酸磷中出来，既可减少矿物磷的添加量，还可降低磷排泄量。在饲料添加适量的非淀粉多糖酶，既可提高非淀粉多糖的消化率，还可相应提高其他营养物质的消化率，从而降低有机质的排泄量。

（3）降低矿物元素和抗菌药的排泄量　用有机螯合态微量元素添加剂代替无机微量元素添加剂，提高微量元素的利用率，有效降低排泄物中矿物元素的含量。尽量采用微生态制剂、植物提取物和中草药等替代抗菌药。

二、病死肉鸡的无害化处理

对病死肉鸡的无害化处理必须严格执行《病害动物和病害动物产品生物安全处理规程》（GB16548—2006）的规定进行处理，以彻底消灭其所携带的病原体，达到消除病害因素，保障人禽健康安全的目的。一般处理病死肉鸡的方法主要为深埋、焚毁、发酵、堆肥等。

（1）深埋　为传统的处理死鸡方法，但此法容易造成土壤和地下水污染，故一般用于非染疫病死鸡的处理。掩埋地应远离学校、公共场所、居民住宅区、村庄、动物饲养和屠宰场所、饮用水源地、河流等地区；掩埋坑底铺2厘米厚生石灰；掩埋前应对需掩埋的病害动物尸体和病害动物产品实施焚烧处理；焚烧后的病害动物尸体和病害动物产品表面，以及掩埋后的地表环境应使用有效消毒药喷、洒消毒。掩埋后需将掩埋土夯实。病害动物尸体和病害动物产品上层应距地表1.5米以上。

（2）焚毁　处理因高致病性禽流感、鸡新城疫等重大疫情病死肉鸡的常用方法。以油或煤为燃料，在高温焚烧炉内将死鸡烧成灰烬。此法不会污染土壤和地下水，且能彻底消灭死鸡及其携带的病原体。缺点是焚烧时产生大量的臭气，而且成本很高。要求焚烧炉所在地应远离居民区和鸡场，且处于下风向处。

（3）发酵　对于一般性染疫或非染疫病死肉鸡均可采用发酵坑发酵处理。现在一般都建成混凝土发酵深坑，上面加盖水泥板，防止泄露，并加胶条密封，盖上留有 2 个可以开启小门作为向坑内扔死鸡的口，平时盖严锁死。此法简单可行，要求坑深不少于 2 米，以便死鸡充分腐烂变成腐殖质，死鸡发酵坑还必须远离居民区和鸡场。典型的发酵坑深 2. 5 米以上，长 2. 5 ~3. 6 米，宽 1. 2 ~1. 8 米。一般 1 万只肉鸡饲养量需配备约 2. 7 $米^3$ 的处理深坑。

（4）堆肥　将非染疫病死肉鸡放于鸡粪中间，一起堆肥发酵，以使死鸡充分腐烂变成腐殖质，并杀灭其携带的病原体。注意制作堆肥时，一定要适量增加如秸秆等通透性好的碳源，提高碳氮比。堆肥法是鸡场现场处理死鸡最经济的途径之一。优点是经济合算，但必须设计管理得当，否则容易造成疫病传播和环境污染。

三、建设生态环保型肉鸡场

肉鸡养殖场自身要严格按照《畜禽养殖污染防治管理办法》、《畜禽养殖业污染物排放标准》（GB 18596—2001）和《畜禽养殖业污染防治技术规范》（HJ/T 81—2001）等法律法规、标准、制度的有关规定，将肉鸡生产与环境保护结合起来，满足规范的选址、场区布局与清粪工艺、畜禽粪便贮存、污水处理、固体粪肥的处理利用、饲料和饲养管理、病死鸡处理与处置、污染物监测等污染防治的基本技术要求，废弃物的排放均应达标。对养殖场（区）的污水处理设施、粪便堆存场地和处理设施、死鸡处置设施运行等情况进行及时检查和监测。新建的肉鸡场应进行环境影响评价，排放的污物不得超过国家或地方标准。

1．鸡场环境绿化

绿化是鸡场建设的重要组成部分。在场区四周种树、种草进行绿化，不仅能够美化环境，改善鸡场的自然面貌，而且可以改善场区小气候、增强卫生防疫效果、净化空气和水质、降低噪声。

（1）隔离区绿化　在鸡场围墙四周和场内各区之间进行绿化，建设绿化隔离带，四周围墙或防疫沟边以栽种乔木为好，各区之间以绿篱形式为好。

（2）场区内绿化　场区内空地尽量种树、种草，完全绿色覆盖。鸡舍间的绿化原则上要求既要有遮阳效果，又不影响鸡舍的通风排污。场区内种植紫花苜蓿和白三叶等豆科牧草，既起到了绿化、美化场区的作用，又可为肉鸡提供优质、安全的青绿饲料，补充肉鸡饲料中蛋白质和维生素的需要。我国北方地区冬季寒冷、风沙大，应在鸡场主风向上风区的边缘地段建设防护林带，抵御风沙对场区和鸡舍的侵袭。

2．清除鸡舍有害气体

鸡舍中的有害气体主要有氨气、甲胺、三甲胺、硫化氢、二氧化碳、一氧化碳和甲烷。在规模养鸡生产中，这些气体污染鸡舍环境，引起鸡群发病或生产性能下降，降低养鸡生产效益。鸡舍中有害气体的清除方法有以下几种。

（1）垫料除臭法　在垫料中混入硫磺，可使垫料的pH值小于7.0，这样可抑制粪便中氨气的产生和散发，降低鸡舍空气中氨气含量，减少氨气臭味。具体方法是按每平方米地面0.5千克硫磺的用量拌入垫料之中，铺垫地面。

（2）吸附法　利用木炭、活性炭、煤渣、生石灰等具有吸附作用的物质吸附空气中的臭气。方法是，利用网袋装入木炭悬挂在鸡舍内或在地面适当撒上一些活性炭、煤渣、生石灰等，均可不同程度地消除空气中的臭味。

（3）生物除臭法　很多有益微生物可以提高饲料蛋白质利用率，减少粪便中氨的排量，可以抑制细菌产生有害气体，降低空气中有害气体含量。目前，常用的有益微生物制剂类型很多，具体使用可根据产品说明拌料饲喂或拌水饮喂，亦可喷洒鸡舍。

（4）化学除臭法　在鸡舍内地面上撒一层过磷酸钙。过磷酸钙与鸡粪中产生的氨气发生反应，生成无味固体磷酸铵盐，可减少粪便中氨气散发，降低鸡舍臭味。具体的方法是按每 50 只鸡活动地面均匀撒上过磷酸钙 350 克。另外，利用过氧化氢、高锰酸钾、硫酸铜、乙酸等具有抑臭作用的化学物质也可降低鸡舍空气臭味。其具体方法是，用 4% 硫酸铜和适量熟石灰混在垫料之中，或者用 2% 的苯甲酸或 2% 乙酸喷洒垫料，均可起到除臭作用。

（5）中草药除臭法　很多中草药具有除臭作用，常用的有艾叶、苍术、大青叶、大蒜等。具体方法：可将上述物质等份适量放在鸡舍内燃烧，既可抑制细菌，又能除臭，在空舍时使用效果最好。

3．规范使用兽药，有效解决药残问题

严格执行《饲料和饲料添加剂管理条例》，使用的饲料不得发霉变质，饲料添加剂应符合《允许使用的饲料添加剂品种目录》，砷、铅、汞、铬、氟、黄曲霉毒素等有毒有害物质及微生物允许量应符合要求（GB 13078）。严格执行《饲料药物添加剂使用规范》，并按规定执行休药期。禁止在饲料和饮水中添加《禁止在饲料和动物饮水使用的药物品种目录》中所列药物；禁止使用抗生素滤渣用于饲料原料及在饲料中添加有机砷、有机铬制剂。按照《兽药管理条例》规范使用兽药，禁止超范围、加大剂量使用兽药。

解决养殖中药残问题，是保证鸡肉食品安全的重要环节。增加微生态制剂、酶制剂、中草药、抗菌肽类产品的使用，是保证鸡肉食品安全的方向。除利用药物控制外，调整肉鸡自身免疫力，也是养殖成功的关键所在。选择微生物制剂替代肉鸡出壳后开口药物，用于调整雏鸡胃肠道菌群，促进肉鸡肠道益生菌优势菌群的建立。

4. 饲喂生物饲料

由于饲料中含有高分子蛋白质和抗营养因子，饲料经发酵后，降解饲料中的抗营养因子成分，使饲料质地变得柔软，并具有酸香酒气味，适口性明显提高，改善适口性，改善饲料营养吸收水平，提高饲料的营养价值和消化率。有益菌进入鸡体内，调节肠道内菌群，增强机体免疫力，促进营养物质利用和吸收。微生物发酵饲料技术可有效降解饲料原料中可能存在的毒素，减少抗生素等药物类添加剂的使用。

附 录

一、疫苗免疫注意事项

1．注意做好疫苗免疫前后的各项工作

（1）熟悉疫情动态和肉鸡健康状况　接种前监测部分幼禽的母源抗体，选择最佳时机接种。了解本地、本场主要疫病发生和流行情况，依据疫病种类和流行特点（如流行季节）做好各种准备。接种前要观察肉鸡的营养和健康状况，凡疑似发病、体温升高的肉鸡均不宜接种疫苗，待其健康后适时补免。首免，所用疫苗须用弱毒苗。当邻近鸡群出现传染病时，应对鸡群紧急接种，按照先接种“健康鸡群→假定健康鸡群→病鸡群”的顺序进行。当鸡群存在疾病时，应避免接种油苗，如必须接种则应接受兽医的指导。

（2）购买正规疫苗　结合免疫程序，根据疫情选择合适的疫苗，特别是疫苗类型。购买疫苗时，最好选购通过 GMP 验收的生物制品企业的疫苗。产品要具有农业部正式生产许可证及批准文号。说明书应注明疫苗的安全性、有效性、含毒量等。

（3）重视疫苗运输、保存与使用前检查　购买时、购入后立即按规定温度存放。稀释疫苗前要细心检查，凡没有瓶签或瓶签模糊不清、过期、瓶塞不紧、疫苗瓶有裂纹、疫苗色泽、气味或性状与说明书不符以及未按规定方法和要求保存等的疫苗均不得使用。此外，要按照疫苗的使用说明书，选用规定的稀释液，按标明的头份充分稀释、摇匀，注意注射器、针头及瓶塞表面的消毒。

（4）避免疫苗污染或失效　根据疫苗使用说明及动物数量选择接种方法。已经打开瓶塞或稀释过的疫苗，必须当天用完，未用完的处理后弃去。饮水、气雾、拌料接种疫苗的前 2 天至后 5 天均不得让动物饮用消毒药（如高锰酸钾等），也不得进行任何消毒，使用弱毒菌苗的前后各 1 周内不得使用抗生素。免疫前后 3 天，在饮水或饲料中添加多种维生素，以提高鸡群抗应激能力。免疫后应加强饲养管理，防止免疫失败。

（5）重视免疫消毒和防护　免疫接种的注射器、针头和镊子等，应严格消毒。针头要经常更换。接种后的用具、空疫苗瓶也应消毒处理。工作人员应加强个人防护，需穿工作服、胶靴，戴工作帽，必要时戴口罩。工作前后应洗手消毒。接种后，应注意观察 7 ~ 10 天，加强护理，如有不良反应，可根据情况及时处理，不良反应要记载到免疫登记册或免疫卡上。

2. 正确掌握免疫途径

每种疫苗均有其免疫途径，只有选择最佳的免疫途径才能获得较好的免疫效果。新城疫弱毒苗以点眼、滴鼻最好，传染性法氏囊病冻干苗以滴口和饮水最好，鸡痘采用刺膜刺种最好，油苗以颈部注射为好。点眼、滴鼻稀释疫苗时最好用专用疫苗稀释液或蒸馏水，不加入抗生素，防止因 pH 值改变导致疫苗失活。

（1）注射免疫　注射疫苗的部位应选择在颈部皮下（下 1/3 处）或浅层胸肌注射。不提倡腿肌注射，特别是细菌苗。颈部皮下正确的注射方法是：注射时用拇指和食指把鸡颈部（靠近翅膀处）皮肤捏起使皮肤与颈部肌肉分离后，注射器针头以小于30°角注射到拇指与食指之间的皮下。注射后的油苗应分布在颈部肌肉和皮肤之间。在胸肌注射时，应该用7～9号短针头，针头与注射部位成30°角，于胸部的上1/3处，朝背部方向刺入胸肌，不能垂直刺入。注苗时对鸡只应轻拿轻放，抓鸡动作不能粗暴。

注射油苗应选择在下午。油苗颈部注射时，注射器和针头要严格消毒。油苗免疫前应摇匀，注意预温。预温方法：注苗前4～5小时，把油苗取出后放到温水中（37～40℃），使油苗的温度尽量接近鸡的体温时再注射。注射部位在颈后部1/3处皮下，避免靠近头部引起肿头。

（2）点眼与滴鼻　操作时，用乳头滴管或无针头注射器吸取疫苗，将雏鸡眼或鼻孔向上，呈水平位置，滴头离眼或鼻孔1厘米左右，滴于眼或鼻孔内，多用于雏鸡的首免。利用点眼或滴鼻法接种时应注意：接种时均使用弱毒苗。点眼时，要等待疫苗扩散后才能放开雏鸡。滴鼻时，可用固定雏鸡的左手食指堵着非滴鼻侧的鼻孔，加速疫苗的吸入。生产中也可以用能安装滴头的塑料滴瓶盛装稀释好的疫苗，装上专用滴头后，挤出滴瓶内部分空气，迅速将滴瓶倒置，使滴头向下，拿在手中呈垂直方向轻捏滴瓶，进行点眼或滴鼻，疫苗瓶在手中应一直倒置，滴头保持向下（彩图31）。为减少应激，最好在晚上或光线稍暗的环境下接种。

（3）皮肤刺种　常用于鸡痘等疫病的弱毒疫苗接种。一般采用翼膜刺种法，在鸡翅膀内侧无血管处的“三角区”，用刺种针（彩图32）蘸取疫苗，刺针针尖向下，使药液自然下垂，轻轻展开鸡翅，从翅膀内侧对准翼膜用力垂直刺入并快速穿透，使针上的凹槽露出翼膜（彩图33）。也可在翅膀下无毛处刺种（彩图34）。每次刺种针蘸苗都要保证凹槽能浸在疫苗液面以下，出瓶时将针在瓶口擦一下，将多余疫苗擦去。在针刺过程中，要避免针槽碰上羽毛以免疫苗溶液被擦去，也应避免刺伤骨头和血管。每1～2瓶疫苗就应换用一个新的刺种针。刺种后，应及时观察鸡群的接种部位的反应，一般接种4～6天后在接种部位会出现皮肤红肿、增厚、结痂等。因此，要在刺种后2周左右检查免疫的效果。如无局部反应，则应检查鸡群是否处于免疫阶段，疫苗质量有无问题或接种方法是否有差错，及时补免。

（4）饮水免疫　饮水免疫时，混有疫苗的饮水以不超过室温为宜，应注意避免疫苗暴露在阳光下，如在炎热季节给肉鸡施用饮水免疫时，应尽量避开高温，夏季可选择早晨免疫，其他季节中午免疫。免疫前，应按肉鸡数量及其平均饮水量，准确计算疫苗用量。用于口服的疫苗必须是高效价的活苗，疫苗用量高于平均用量的2～3倍。稀释疫苗的用水量应根据鸡的大小来确定，一般为鸡日饮水量的30%，保证所有的鸡同时喝到疫苗水。具体可参照如下用水量：1～2周龄8～10ml；3～4周龄15～20ml；5～6周龄20～30ml；7～8周龄30～40ml；9～10周龄40～50ml。疫苗混入饮水后，必须迅速口服，保证在最短的时间内摄入足量疫苗。因此，免疫前应停饮一段时间，具体停水时间长短可灵活掌握，一般在天气炎热的夏、秋季节或饲喂干料时，停水时间可适当短些，在天气寒冷的冬、春季节或饲喂湿料时，停水时间可适当长些，使肉鸡在施用饮水免疫前有一定的口渴感，确保肉鸡在0.5～1小时内将疫苗稀释液饮完。稀释疫苗的水，可用深井水或凉开水，饮水中不应含有游离氯或其他消毒剂。此外，饮水器要保持清洁干净，不可有消毒剂和洗涤剂等化学物质残留。饮水的器皿不能是金属容器，可用瓷器和无毒塑料容器。稀释疫苗宜将疫苗开瓶后倒入水中搅匀。为有效地保护疫苗的效价，可在加入疫苗前往疫苗稀释液中加入2%～3%鲜牛奶或0.2%～0.3%的脱脂奶粉。为保证肉鸡充分吸收药物，在饮水免疫后还应适当停水1～2小时。此外，在饮水免疫前后24小时内，其饲料和饮水中不可使用消毒剂和抗菌素类药物，以防引起免疫失败或干扰机体产生免疫力。

（5）滴口免疫　将按照要求稀释之后的疫苗滴于肉鸡口中，使疫苗通过消化道进入肉鸡体内，从而产生免疫力的免疫接种方法。

滴口免疫操作时，先按规定剂量用适量生理盐水或凉开水稀释疫苗，充分摇匀后用滴管或一次性注射器吸取疫苗，然后将鸡腹部朝上，食指托住头颈后部，大拇指轻按前面头颈处，待张口后在口腔上方1厘米处滴下1～2滴疫苗溶液即可（彩图35）。

滴口免疫时需注意：a. 确定稀释量，普通滴瓶每毫升水有25～30滴，差异较大，所以必须事先测量出每毫升水的滴数，计算出稀释液用量，购买正规厂家生产的疫苗专用稀释液及配套滴瓶；b. 稀释液可选用疫苗专用稀释液或灭菌生理盐水；c. 疫苗稀释后必须在0.5～1小时滴完；d. 防止漏滴，做到只只免疫；e. 要注意经常摇动疫苗，以保持疫苗的均匀；f. 在滴口免疫前后24小时内停饮任何有消毒剂的水。

（6）拌料免疫　生产中采用拌料免疫的有鸡新城疫Ⅰ系、Ⅱ系苗及鸡球虫苗。注意拌料要均匀，并现配现用。拌疫苗的饲料温度以室温为宜，不可直接撒在地面上，且应避免日光照射。

①直接拌料。将新城疫疫苗按规定剂量溶解于水，混匀后拌碎米或玉米粉或鸡颗粒料，早晨鸡空腹时一次喂给，让鸡采食。对大小不一和吃食较少的鸡，可在第2天重复饲喂1次，以确保

鸡吃进足够的剂量。免疫前应计算鸡群实际需要饲料量，防止饲料不足或过剩。

②喷雾拌料。将按规定剂量稀释后的球虫疫苗悬液倒入干净的农用喷雾器或加压式喷雾器中，称取适量的饲料放入料盘中，把球虫疫苗均匀地喷洒在饲料上，喷洒时需要不时摇晃喷雾器，至少来回喷 2 次，每喷一次都要充分拌料。将拌有疫苗的料平均分配到每个料盘中，让鸡自由采食，全部吃干净需 4～5 小时。注意倒拌有疫苗料之前不要刻意断料，倒料前只把料盘中的剩料倒干净即可，以免"抢食"造成每只鸡免疫剂量不均匀。

（7）气雾免疫法气雾免疫不适于 30 日龄内的雏鸡和存在慢性呼吸道病的鸡群。在进行鸡群喷雾免疫前，应加强通风，以使舍内的温度保持在 18～24℃，相对湿度保持在 70% 左右，空气中看不到灰尘颗粒等。气雾粒子 60 微米左右时，适宜对 6 周龄以内的小雏鸡气雾免疫。而对 12 周龄雏鸡气雾免疫时，气雾粒子取 10～30 微米为宜。在鸡头上方 1.5 米左右喷雾，呈 45 度角，使雾粒刚好落在雏鸡的头部。喷完后要最大限度地降低通风换气量，以保证气雾免疫效果，同时也要防止通风不良而造成窒息死亡。小日龄雏鸡喷雾时，可打开出雏器或运雏箱，使其排列整齐。平养的肉鸡，可集中在鸡舍一角；或把鸡舍分成两半，中间设一栅栏并留门，从一边向另一边驱赶肉鸡，当肉鸡分批通过栅栏门时喷雾；接种人员还可在鸡群中间来回走动喷雾疫苗，至少来回 2 次。

二、肉鸡参考免疫程序

科学制订免疫程序是预防肉鸡疫病的关键，免疫程序有广义和狭义之分。广义的免疫程序是指根据一定地区或肉鸡场内不同传染病的流行状况及疫苗特性，为特定肉鸡群制订的免疫接种方案，主要包括所用各种类疫苗的名称、类型、接种顺序、用法、用量、次数、途径及间隔时间。狭义的免疫程序指在肉鸡的一个生产周期中，为预防某种传染病而制定的疫苗接种规程，其内容包括所用疫苗的品系、来源、用法、用量、免疫时机和免疫次数等。

免疫程序并非统一或一成不变，目前并没有一个能够适合所有地区或肉鸡养殖场的标准免疫程序。免疫程序的制订，应根据肉鸡不同传染病的流行特点和生产实际情况，充分考虑本地区常发多见或威胁大的肉鸡传染病分布特点、疫苗类型及其免疫效能和母源抗体水平等因素。疫苗的种类、品系、性质、免疫途径、产生免疫力需要的时间、免疫期等差异以及疫苗间的相互干扰是影响免疫效果的重要因素，在制订免疫程序是应予充分考虑。商品代肉鸡和肉种鸡免疫参考程序分别见附表 1 和附表 2。

附表 1　商品代肉鸡免疫参考程序

接种时间	疫苗名称	用法	用量	备注
1 日龄	马立克氏病疫苗	皮下注射	每羽 1 羽份	出壳24 小时内用
4 日龄	新城疫 - 传支（H_{120}）二联苗	滴鼻或点眼	每羽 1 ~ 2 滴	
7 日龄	传染性法氏囊病中等毒力疫苗	滴鼻或点眼	每羽 1 ~ 2 滴	
8 日龄	新城疫Ⅳ系苗	饮水或滴鼻点眼	每羽 1.5 倍量饮水或滴鼻点眼 1 ~ 2 滴	
15 日龄	H_5 亚型禽流感灭活疫苗	皮下或肌内注射	每羽 0.3 毫升	
22 日龄	鸡痘活疫苗	翼膜刺种	按规定羽份	
28 日龄	新城疫Ⅳ系苗	饮水免疫	加倍量	
35 ~ 40 日龄	H_5 亚型禽流感灭活疫苗	皮下或肌内注射	每只鸡 0.5 毫升	

附表 2　肉种鸡免疫参考程序

接种时间	疫苗名称	用法	用量	备注
1 日龄	马立克氏病疫苗	皮下注射	每羽 1 羽份	出壳 24 小时内用
3 日龄	新城疫Ⅳ系苗	滴鼻或点眼	每羽 1～2 滴	
5 日龄	H_{120}株传染性支气管炎疫苗	饮水或气雾	每羽 1.5 倍量饮水	
12～14 日龄	中等毒力传染性法氏囊病疫苗	滴鼻或点眼	每羽 1～2 滴	
16～18 日龄	病毒性关节炎 1 号苗	皮下注射	每羽 1 羽份	仅供肉种鸡用
20～22 日龄	鸡痘活疫苗	翼膜刺种	按规定羽份	
26～28 日龄	新城疫Ⅳ系（或Ⅰ系）	滴鼻或点眼	每羽 1～2 滴	
34 日龄	中等毒力传染性法氏囊病疫苗	滴鼻或点眼	每只 1～2 滴	
35 日龄	传染性鼻炎油乳剂灭活苗	皮下注射	每只 1 羽份	
40 日龄	传染性喉气管炎冻干苗	滴鼻或点眼	每只 1～2 滴	非疫区不用
45 日龄	传染性鼻炎油乳剂灭活苗	皮下注射	每只 1 羽份	
50 日龄	病毒性关节炎 2 号苗	皮下注射	每只 1 羽份	仅供肉种鸡用
90 日龄	禽霍乱油乳苗	肌内注射	每只 0.5 毫升	
110 日龄	传染性鼻炎油乳剂灭活苗	皮下注射	每只 0.5 毫升	
115 日龄	新城疫油乳剂灭活苗	皮下或肌内注射	每只 1 毫升	可单独注射或用联苗注射
125 日龄	禽流感油乳剂灭活苗	皮下注射	每只 1 羽份	非疫区少用

（续表）

接种时间	疫苗名称	用法	用量	备注
130 日龄	传染性法氏囊病油乳剂灭活苗	皮下注射	每只 0.5 毫升	可单独注射或用二联、三联苗注射
140 日龄	产蛋下降综合征油乳剂灭活苗	肌内注射	每只 0.5 毫升	
300 日龄	新城疫Ⅳ系苗	饮水或气雾	每只 1.5 倍量饮水	由 HI 滴度水平而定

主要参考文献

[1] 郭年丰，刘爱国，张军 . 2009. 无公害肉鸡生产大全［M］. 北京：中国农业出版社 .

[2] 杨全明，刁有祥 . 2002. 简明肉鸡饲养手册［M］. 北京：中国农业大学出版社 .

[3] 傅润亭，周友明 . 2006. 无公害肉鸡标准化生产［M］. 北京：中国农业出版社 .

[4] 龚道清 . 2014. 肉鸡饲养关键技术［M］. 北京：中国农业出版社 .

[5] 许剑琴 . 刘凤华，马广鹏 . 2011. 生态养肉鸡［M］. 北京：中国农业出版社 .

[6] 叶金枝 . 2014. 春季肉鸡饲养管理要点［J］. 河南科技报，(3)：1.

[7] 刘春英 . 2014. 肉种鸡饲养管理的五要点［J］. 养殖技术顾问，(5)：25.

[8] 郭祥 . 2013. 育成期种鸡的饲养管理［J］. 养殖技术顾问，(5)：12.

[9] 洪钟 . 2013. 浅析夏季肉鸡的饲养管理［J］. 养殖技术顾问，(10)：1.

[10] 陈宽维，束靖婷 . 2013. 商品肉鸡的饲养技术［J］. 当代畜禽养殖业，(8)：20 ~ 22.

[11] 袁村玉. 2013. 商品肉鸡进雏前的准备工作 [J]. 养禽与禽病防治, (9): 30 ~ 31.
[12] 陆新浩, 任祖伊. 2011. 禽病类症鉴别诊疗彩色图谱 [M]. 北京: 中国农业出版社.
[13] 胡新岗, 蒋春茂. 2012. 动物防疫与检疫技术 [M]. 北京: 中国林业出版社.
[14] 黄银云, 胡新岗. 2012. 禽病防制 [M]. 北京: 中国农业科学技术出版社.
[15] 臧素敏. 2011. 养鸡与鸡病防治 [M]. 3 版. 北京: 中国农业大学出版社.
[16] 王志君, 孙继国等. 2000. 鸡场兽医 [M]. 北京: 中国农业出版社.
[17] 刘琨. 2013. 禽病防控指南 [M]. 北京: 中国农业出版社.
[18] 刁有祥. 2009. 简明鸡病原色图谱诊断与防治 [M]. 北京: 化学工业出版社.

彩图 1　合适的饲养密度

彩图 2　温度正常鸡群分布

彩图 3　温度偏高雏鸡张口呼吸

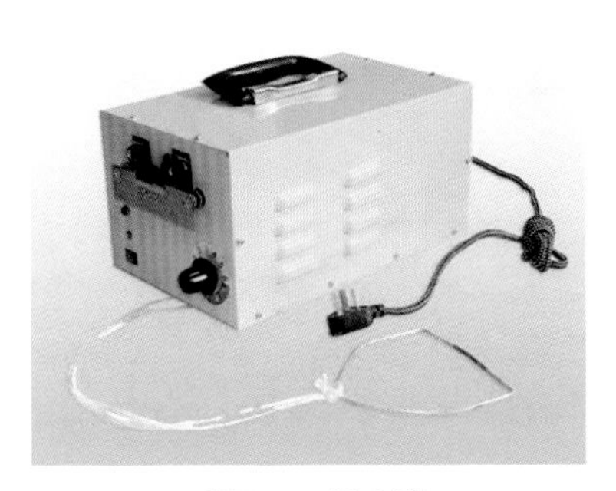

彩图 4　断喙器

彩图 5　断喙后雏鸡喙

彩图 6　肉鸡养殖料线、水线

彩图 7　高致病性禽流感病鸡鸡冠发绀

彩图 8　高致病性禽流感病鸡鳞片出血

彩图 9　新城疫病鸡神经症状

彩图 10　新城疫病鸡呈“观星”姿势

彩图 11　传染性支气管炎病鸡呼吸困难

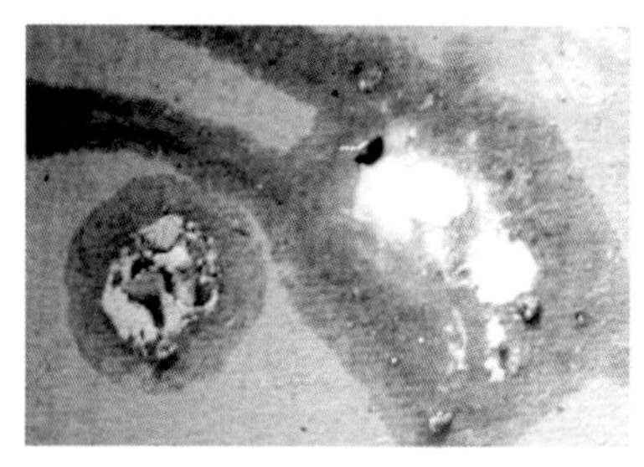

彩图 12　传染性支气管炎病鸡排出米汤样白色粪便

彩图 **13**　传染性法氏囊病鸡法氏囊出血

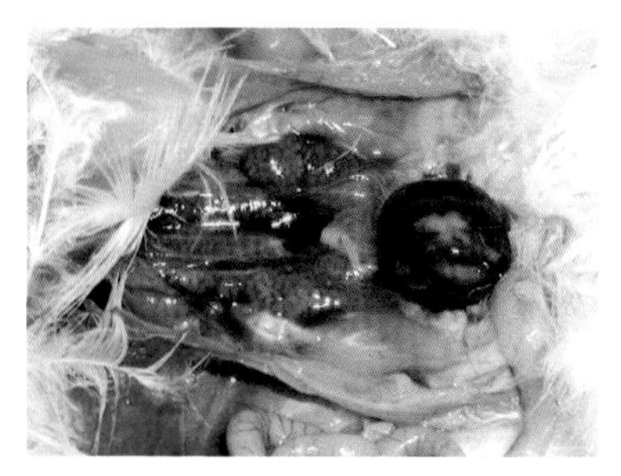

彩图 **14**　传染性法氏囊病鸡严重者法氏囊出血呈紫葡萄样

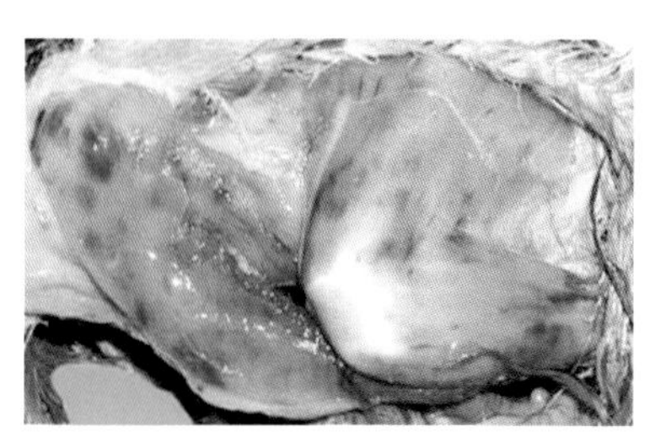

彩图 **15**　传染性法氏囊病鸡腿肌和胸肌呈块状或条状出血

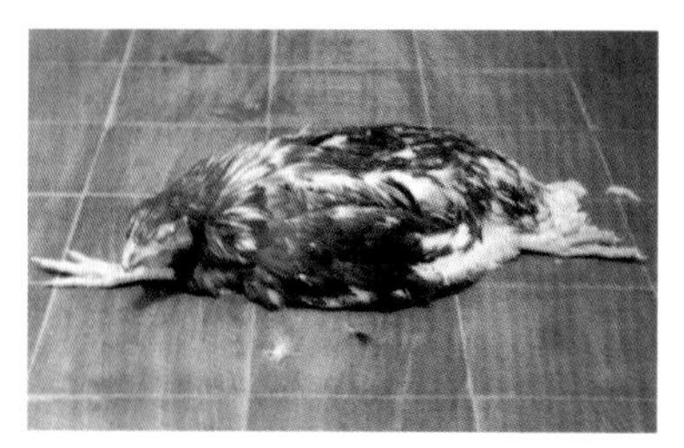

彩图 **16**　神经型马立克氏病鸡坐骨神经麻痹，瘫痪或呈劈叉姿势

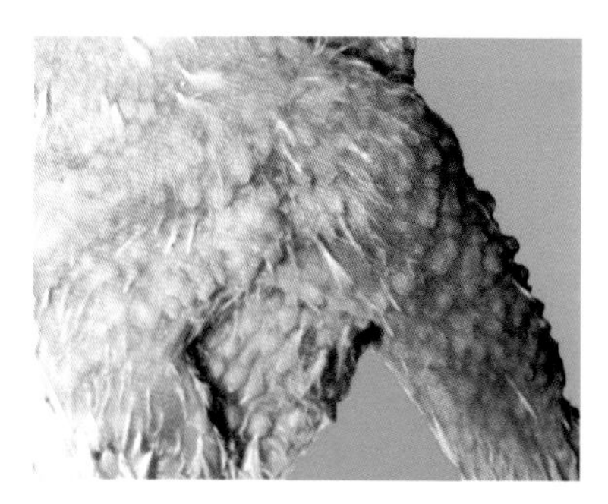

彩图 **17**　皮肤型马立克氏病鸡可见全身毛囊肿瘤性增生

彩图 **18**　鸡痘

彩图 19　病毒性关节炎肉鸡关节肿大

彩图 20　肉鸡病毒性关节肿大

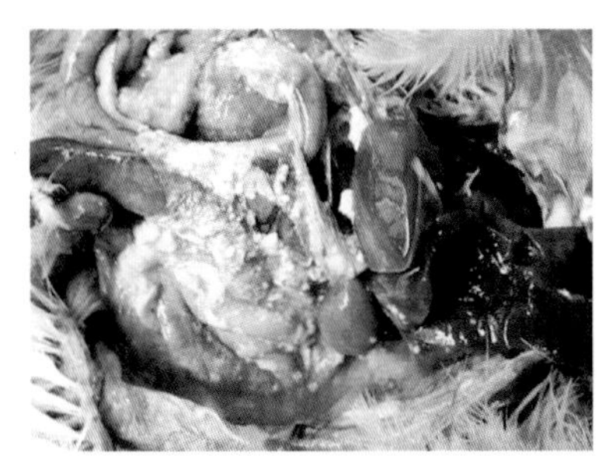

彩图 21　大肠杆菌感染病鸡腹腔内有白色干酪样渗出物

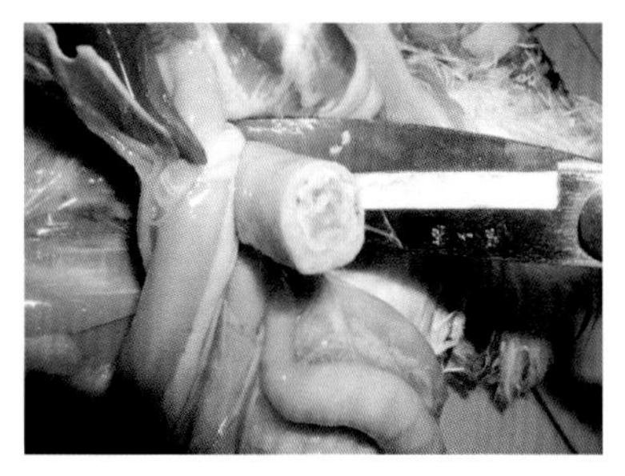

彩图 22　盲肠肝炎病鸡盲肠“栓子”切面呈轮状

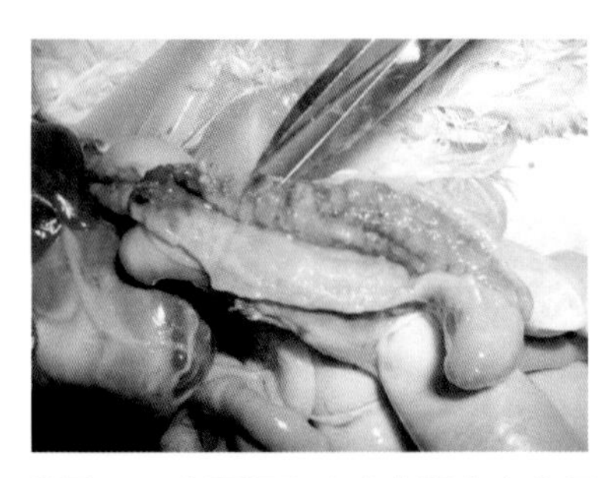

彩图 23　盲肠肝炎病鸡盲肠内容物呈干酪样“栓子”

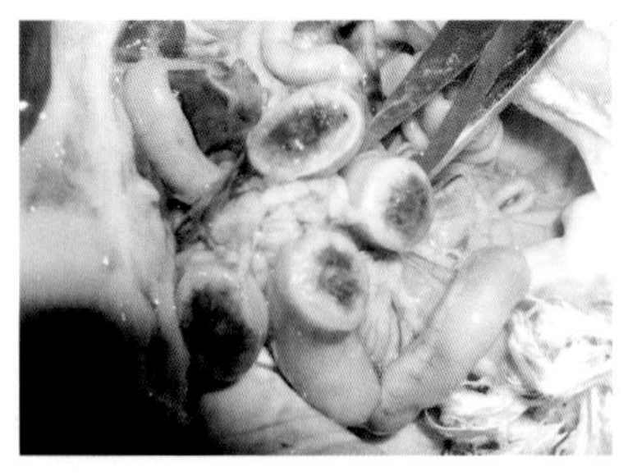

彩图 24　盲肠肝炎病鸡盲肠黏膜呈出血性炎症

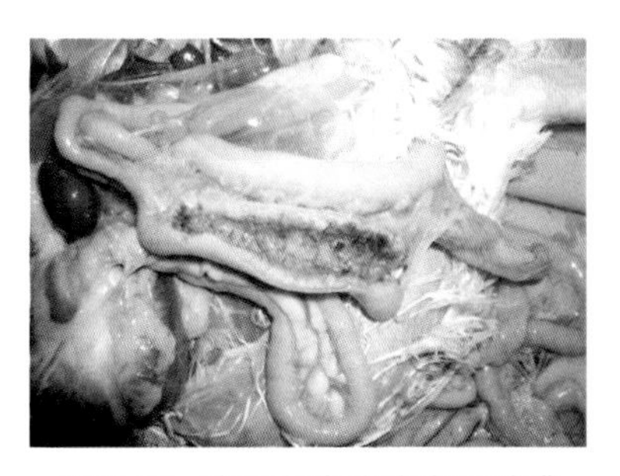

彩图 25　盲肠肝炎病鸡盲肠黏膜增生，外观如“香肠”

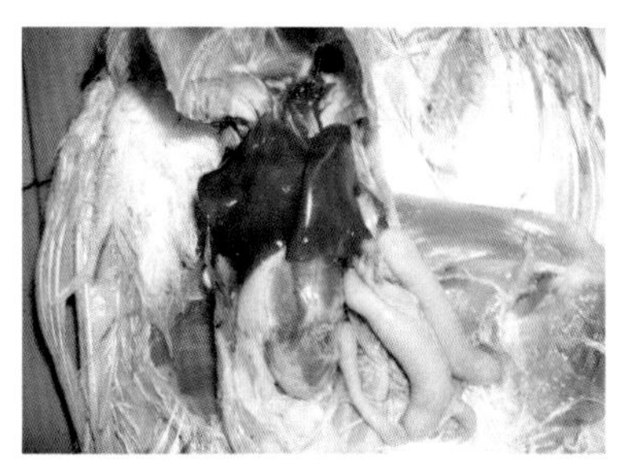

彩图 26　盲肠肝炎病鸡盲肠病变的同时，肝脏出现灰黄色坏死点

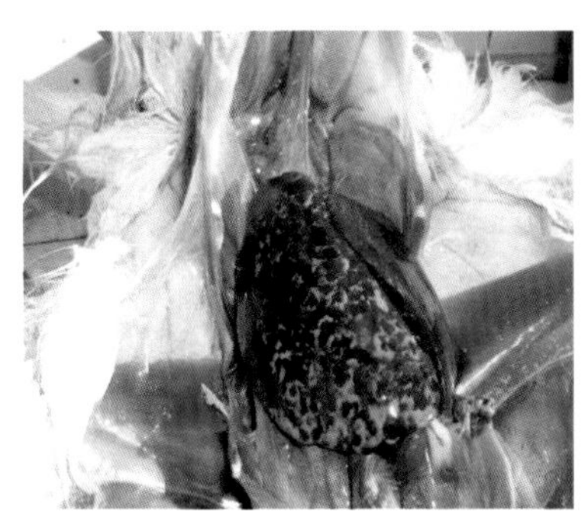

彩图 27　盲肠肝炎病鸡严重者肝脏表面呈斑驳状坏死

彩图 28　肉鸡维生素 B_2 缺乏症病鸡脚趾卷曲

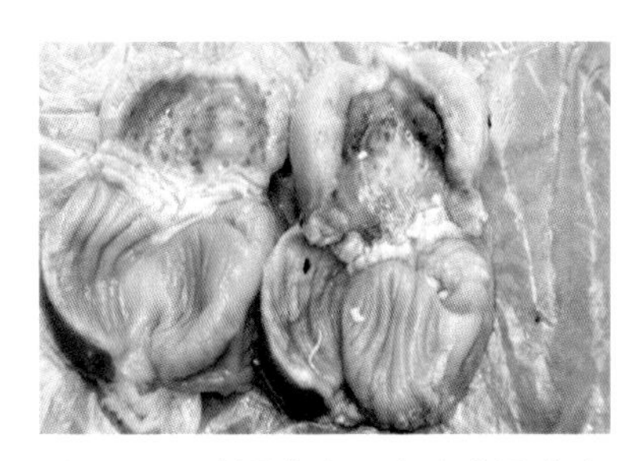

彩图 29　腺胃炎病死肉鸡腺胃乳头水肿、出血

彩图 30　小鸡啄羽

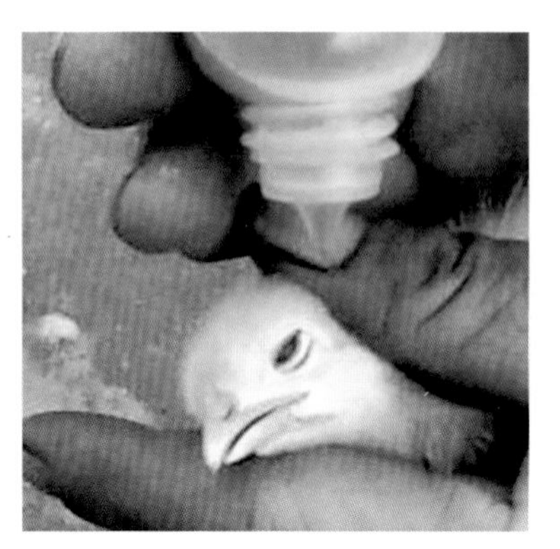

彩图 31　初级点眼免疫

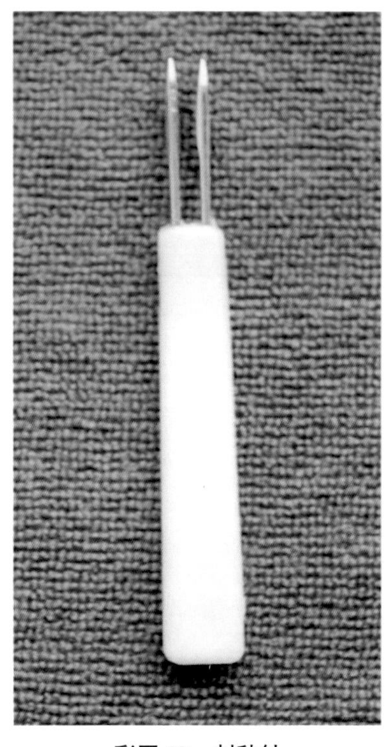

彩图 32　刺种针

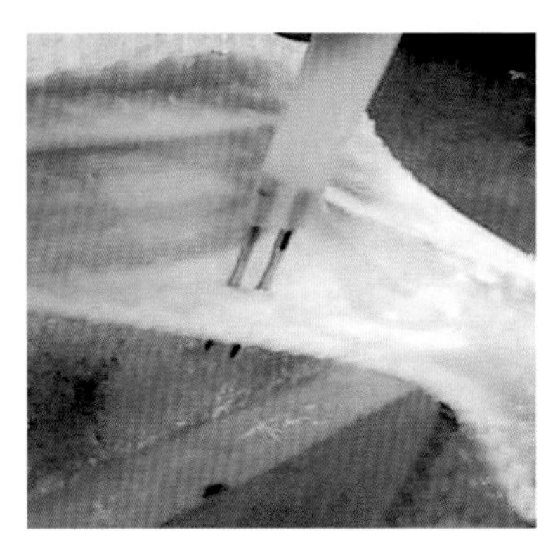

彩图 33　鸡痘疫苗翼膜区刺种图示

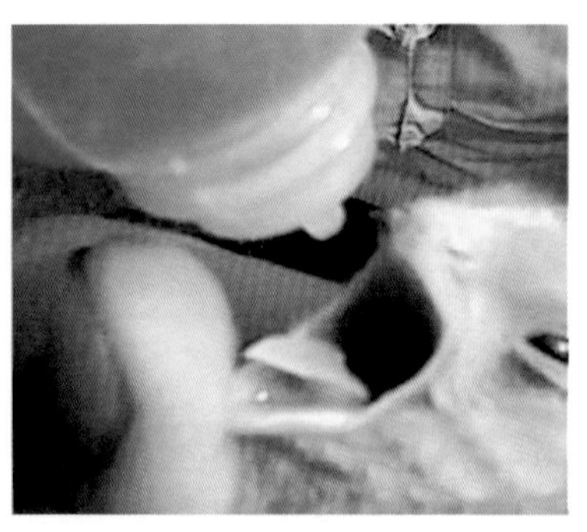

彩图 35　雏鸡滴口免疫

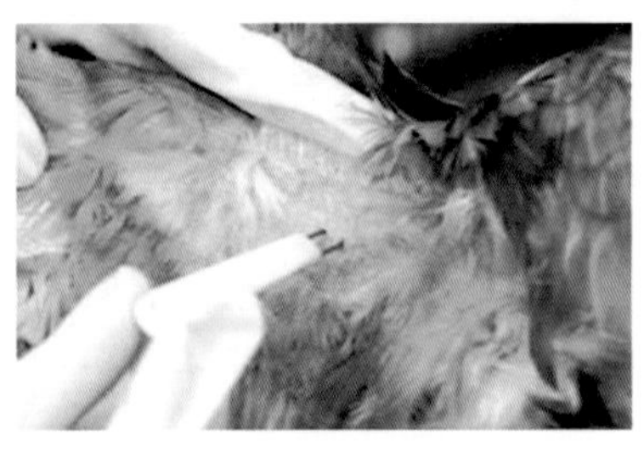

彩图 34　鸡痘疫苗翅下无毛区刺种